职业教育精品教材（电气运行与控制专业）

可编程控制器原理与应用（第 2 版）

周惠文　施　永　主编

电子工业出版社

Publishing House of Electronics Industry

北京·BEIJING

内 容 简 介

本书主要有可编程控制器初步、基本指令的应用、步进指令的应用、功能指令的应用和 PLC 综合应用五大部分，共 16 个典型的控制任务，基本涵盖了 PLC 的基础知识，是学习 PLC 的一本入门教材。既可作为职业院校电类、机电类及其他相关专业的教材，也可作为工程技术人员的培训教材或自学参考用书。

未经许可，不得以任何方式复制或抄袭本书之部分或全部内容。
版权所有，侵权必究。

图书在版编目（CIP）数据

可编程控制器原理与应用/周惠文，施永主编. —2 版. —北京：电子工业出版社，2014.3
职业教育精品教材. 电气运行与控制专业
ISBN 978-7-121-22581-9

Ⅰ. ①可⋯　Ⅱ. ①周⋯②施⋯　Ⅲ. ①可编程序控制器－中等专业学校－教材　Ⅳ. ①TP332.3

中国版本图书馆 CIP 数据核字（2014）第 039918 号

策划编辑：张　帆
责任编辑：张　帆　　　　特约编辑：李云霞
印　　刷：涿州市般润文化传播有限公司
装　　订：涿州市般润文化传播有限公司
出版发行：电子工业出版社
　　　　　北京市海淀区万寿路 173 信箱　邮编　100036
开　　本：787×1 092　1/16　印张：16.5　字数：422.4 千字
版　　次：2007 年 8 月第 1 版
　　　　　2014 年 3 月第 2 版
印　　次：2024 年 1 月第 16 次印刷
定　　价：30.80 元

凡所购买电子工业出版社图书有缺损问题，请向购买书店调换。若书店售缺，请与本社发行部联系，联系及邮购电话：（010）88254888，88258888。

质量投诉请发邮件至 zlts@phei.com.cn，盗版侵权举报请发邮件至 dbqq@phei.com.cn。

本书咨询联系方式：（010）88254592，bain@phei.com.cn。

再版说明

本书第 1 版从 2007 年出版以来，不觉已接近六年了，在此期间各大 PLC 生产厂商的产品都在不断更新，有些老的机型现在已经停产，在市场上已无法购买。另外，PLC 编程软件也随着 PLC 功能的不断强大逐步升级，甚至研发并推出了新的编程软件。本书在实际应用中已很难满足读者的需要，基于上述原因对本书进行了再版修订。

三菱公司作为占有 PLC 市场相当份额的生产厂商，在 FX 系列小型 PLC 产品方面也给予了足够的重视，不断研发、改进、推出新的机型，加强了网络控制方面的功能，如新推出的 FX3U（C）和 FX3G。与此同时，在软件方面，GX Developer 编程软件也不断升级，并推出了基于 Win 7 操作系统的 GX Works 中文编程软件，从而在硬件和软件方面都前进了一大步。

本次再版时所采用的硬件选用了新推出的 FX3U 型 PLC，软件采用目前仍广泛应用的 GX Developer 编程软件，对原书进行了修订，纠正了原书中的一些错漏之处，修改了几乎所有的图形和部分控制任务，并对部分章节进行了重新编写。

本书自发行以来，曾有许多专家和老师通过网络和编者进行了交流，提出了许多中肯的意见和建议，并指出了相关错漏之处，在此对他们的关心和支持表示最衷心的感谢！希望今后仍能对本书给予关注。

编　者
2014.2

<<<<< PREFACE

本书在 2007 年出版的职业教育精品教材《可编程控制器原理与应用》的基础上，根据目前的教学发展形势和要求，并采纳了一些专家和读者的意见和建议，对原书进行了全面修订。

本书中的硬件选用了三菱公司新推出的 FX3U 型 PLC，软件采用目前广泛应用的 GX Developer 编程软件，修改了几乎所有的图形和部分控制任务，纠正了原书的一些错漏之处，并对部分章节进行了重新编写。

本书在修订时，仍保持了原书的整个体系和主要风格，坚持理论和实际紧密结合的原则，继续采用任务驱动的教学形式，强调在"学中做，做中学"，以努力提高学生的实际操作能力和动手创新能力为根本，力求培养满足社会需要的一线技术工人。

本书主要有可编程控制器初步、基本指令的应用、步进指令的应用、功能指令的应用和 PLC 综合应用五大部分，共 16 个典型的控制任务，基本涵盖了 PLC 的基础知识，是学习 PLC 的一本入门教材。既可作为职业院校电类、机电类及其他相关专业的教材，也可作为工程技术人员的培训教材或自学参考用书。

本书由江苏省常州刘国钧高等职业技术学校周惠文和江苏省常州技师学院施永担任主编，其中第 2 章、第 5 章和附录由施永编写，其余均由周惠文编写。

由于时间仓促，加上编者水平有限，书中错漏之处在所难免，恳请各位读者予以批评指正。

编　者

2014.2

<<<<< CONTENTS

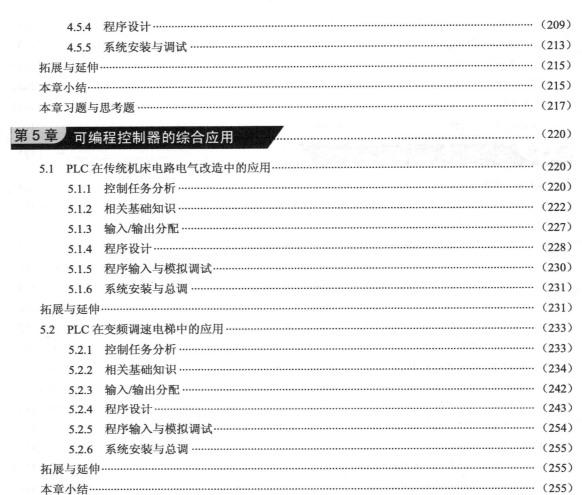

第1章

可编程控制器初步

　　本章主要介绍可编程控制器的基础知识，并通过一个简单的控制实例说明了可编程控制器控制系统的基本设计过程和实现方法。通过本章的学习，要求了解可编程控制器的起源和发展、PLC 的基本构成及工作原理；熟悉三菱 FX3U 系列可编程控制器与计算机的通信连接及输入/输出回路连接的方法；掌握 GX Developer 编程软件的基本使用方法和可编程控制器控制系统的基本设计方法。

1.1　可编程控制器的起源与发展

　　20 世纪 60 年代，美国汽车制造业竞争日趋激烈，汽车产品更新换代的周期越来越短，而继电器控制的汽车自动生产流水线设备体积大，触点使用寿命短，可靠性差，故障率高，维修和维护不便，同时这种控制系统智能化程度很低。当产品更新或生产工艺和流程变化时，整个系统都需要重新设计和安装，从而严重影响了企业的生产效率，延长了汽车产品的更新周期。因此人们迫切需要一种通用性强、灵活方便的新型控制系统来替代原来的继电器控制系统。

　　1968 年，美国通用汽车公司（GM）首先进行了公开招标，提出了以下 10 项指标：

（1）编程方便，可现场修改程序。

（2）维修方便，采用插件式结构。

（3）可靠性高于继电器控制系统。

（4）体积小于继电器控制柜。

（5）数据可直接送入管理计算机。

（6）成本可与继电器控制系统竞争。

（7）输入可为市电。

（8）输出可为市电，输出电流要求在 2A 以上，可直接驱动电磁阀、接触器等。

（9）系统扩展时，原系统变更最小。

（10）用户存储器容量大于 4KB。

　　美国数字电子公司（DEC）中标后于 1969 年研制出世界上第一台可编程控制器，在通用汽车公司生产线上应用后获得极大成功，从此开创了可编程控制器的时代。此后，世界各国也竞相开发研制可编程控制器。我国于 1974 年开始研制，并于 1977 年生产出第一台有实用价值的可编程控制器。由于当初它主要用于逻辑控制、顺序控制，故称为可编程逻辑控制器（Programmable Logic Controller，PLC）。作为一种运用计算机技术的工业控制装置，其功能并不局限于逻辑控制和顺序控制，所以后来改称为可编程控制器（Programmable Controller）。为了避免和个人计算机（Personal Computer）的简称"PC"相混淆，现在人们仍习惯将可编程控制器简称为 PLC。

经过近 40 年的发展，PLC 的应用已渗透到各行各业，其功能也越来越完善。PLC 在当初的逻辑运算、定时和计数等功能基础上，增加了算术运算、数据处理和传送、通信联网、故障自诊断等功能，各个生产厂家相继推出的位置控制模块、伺服定位模块、电子凸轮模块、温度传感器模块、远程输入/输出模块、PID 控制模块、闭环控制模块、模糊控制模块、A/D 转换模块、D/A 转换模块等特殊功能模块，使 PLC 具备了数据采集、PID 调节、远程控制、模糊控制等功能，奠定了用 PLC 实现过程控制的基础。

近年来，由于超大规模集成电路技术的迅猛发展，以及计算机新技术在可编程控制器设计和制造上的应用，可编程控制器的集成度越来越高，运行速度越来越快，功能越来越强，智能化程度也越来越高。目前 PLC 已在集散控制（DCS）和计算机数控（CNC）等系统中得到广泛应用，使系统的性价比不断提高；同时，随着网络技术的发展，PLC 和工业计算机通过组网已能够构建大型控制系统，并成为 PLC 控制技术的发展方向。

据预测，在不远的将来，PLC、CAD/CAM 和机器人将会成为工业自动化的三大支柱，由此可见可编程控制器在工业自动化中的重要地位。

1.2　可编程控制器的构成及工作原理

1.2.1　可编程控制器的构成

目前 PLC 生产厂家众多，比较著名的有三菱、松下、立石、西门子等，各公司产品的结构不尽相同，但其基本组成大致如图 1-1 所示。

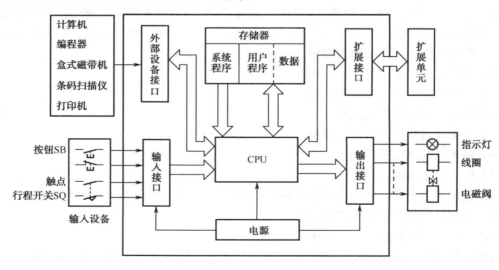

图 1-1　PLC 基本组成

由图 1-1 可知，PLC 一般采用典型的计算机结构，主要由 CPU、存储器、输入/输出（I/O）接口、电源、外部设备接口和扩展接口等几部分组成。下面简要介绍各部分的作用。

1. CPU

中央处理器（CPU）是整个 PLC 的核心，包括控制器和运算器两大部分。CPU 通过地址总线、数据总线和控制总线与存储器单元、输入/输出（I/O）接口及其他接口相连。其主要作用为运行用户程序，监控 I/O 接口状态，进行逻辑判断和数据处理，即取进输入变量，完成用户指令规定的各种操作，将结果送到输出端，并响应外部设备的请求，以及进行各种内部诊断。

2. 存储器

存储器是具有记忆功能的半导体器件，用来存放系统程序、用户程序、逻辑变量和其他信息。PLC 内部存储器可分为只读存储器（ROM）和随机存取存储器（RAM）。

1）只读存储器（ROM）

只读存储器（ROM）主要用来存放系统程序，包括系统管理程序、监控程序，以及对用户程序进行编译处理的程序。由厂家固化，只能读出不能写入。

2）随机存取存储器（RAM）

随机存取存储器（RAM）主要用来储存用户程序、各种暂存数据和运算中间结果等，用户可以随机对其进行读出和写入操作。

3. 输入/输出（I/O）接口

I/O 接口是 PLC 与输入/输出设备传递信息的桥梁，主要用于连接输入/输出设备。I/O 接口的类型有多种，由 PLC 的型号决定。

1）输入接口

输入接口用于连接输入设备（如按钮、行程开关和传感器等）。PLC 通过输入接口接收各种控制信号，改变输入元件的状态，并参与用户程序的运算。为了抑制电磁干扰，提高 PLC 工作的可靠性，输入接口一般采用光电耦合电路。常见输入接口的类型主要有直流电源型漏型输入接口、直流电源型源型输入接口和交流输入接口。FX3U 系列 PLC 的输入接口类型有以下几种。

（1）交流电源型漏型输入接口。

交流电源型漏型输入接口电路的接线图如图 1-2 所示。

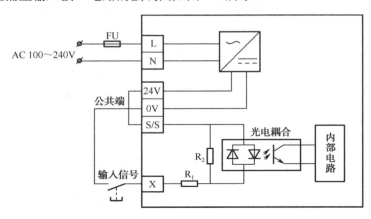

图 1-2　交流电源型漏型输入接口电路的接线图

其中，PLC 电源电压为交流 220V，通过 24V 端与 S/S 端短接作为内部输入电路的直流电源，0V 端作为公共端。

（2）交流电源型源型输入接口。

交流电源型源型输入接口电路的接线图如图 1-3 所示。

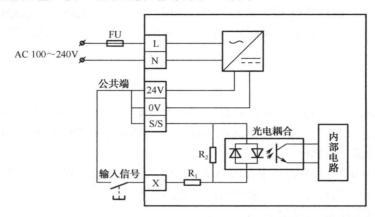

图 1-3 交流电源型源型输入接口电路的接线图

其中 PLC 0V 端与 S/S 端短接，当输入信号接通时，24V 电源通过输入元件向内部输入电路供电。

（3）直流电源型漏型输入接口。

直流电源型漏型输入接口电路的接线图如图 1-4 所示。

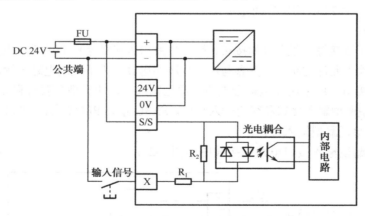

图 1-4 直流电源型漏型输入接口电路的接线图

其中，PLC 电源为直流 24V，输入回路直接将 24V 供给电源接入作为输入回路的电源，整机电源的正极端为输入回路公共端。

（4）直流电源型源型输入接口。

直流电源型源型输入接口电路的接线图如图 1-5 所示。

该类型接口电路同样将外部 24V 电源接入输入回路作为电源，只是电源正极通过输入元件由 X 输入，S/S 和电源负极相连，因此，输入公共端为 24V 电源负极端，即 PLC 电源输入端子的负极。

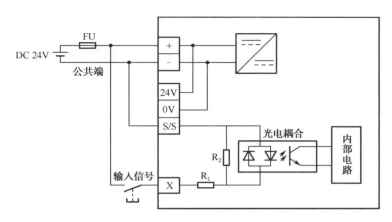

图 1-5　直流电源型源型输入接口电路的接线图

（5）AC 100V 交流输入接口。

FX3U 系列 DC 24V 漏型、源型输入 PLC 的整机电源既可以是交流电源也可以是直流电源，而交流输入型 PLC 的整机电源只能是交流电源。AC 100V 交流输入接口电路的接线图如图 1-6 所示。

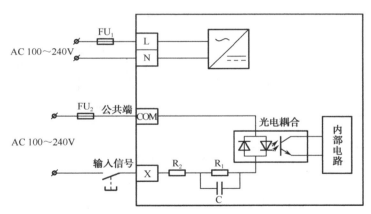

图 1-6　AC 100V 交流输入接口电路的接线图

其中，输入回路的电源为交流 110V，当输入信号接通时，X 端与 COM 端接通，将 AC 110V 电源接入输入回路，内部元件动作。

2）输出接口

输出接口主要用于连接输出设备（如接触器、指示灯和电磁阀等）。PLC 将经主机处理过的结果通过输出接口输出以驱动输出设备，实现电气控制。PLC 在内部回路和外部负载回路之间、各公共端之间都采取了电气上的隔离。输出接口一般有继电器输出型接口、晶体管输出型接口和晶闸管输出型接口三种类型。常见输出接口电路如图 1-7 所示。

继电器输出型接口为有触点输出方式，可用于驱动直流或低频交流负载；晶体管输出型接口和晶闸管输出型接口采用光电耦合（提高抗干扰性能）无触点（提高响应速度和减少噪声）输出方式，前者用于驱动直流负载，后者用于驱动高频较大功率交流负载。

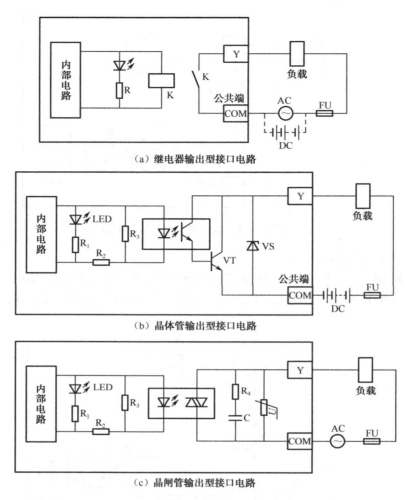

（a）继电器输出型接口电路

（b）晶体管输出型接口电路

（c）晶闸管输出型接口电路

图 1-7　输出接口电路

4. 电源

PLC 内部为 CPU、存储器、I/O 接口等内部工作电路配备了直流开关稳压电源，同时一般也为输入传感器提供 24V 直流电源。输入/输出回路的电源一般应相互独立，以抑制来自外部的电磁干扰。

5. 扩展接口

扩展接口用于系统扩展，可连接 I/O 扩展单元、A/D 模块、D/A 模块和温度控制模块等。

1.2.2　可编程控制器的工作原理

PLC 是以循环扫描方式工作的，一般可分为上电处理、程序扫描和出错处理三个过程。PLC 接通电源后，首先对系统进行初始化，清除 I/O 映像寄存器的内容，检测 CPU、存储器及 I/O 等部件是否正常，并完成各种外设的通信连接。确认正常后，若 PLC 处于 RUN 状态，PLC 开始对存储器中的用户程序进行顺序扫描，并执行系统自诊断程序，若系统正常，则继续扫描用户程序，周而复始，不断循环；若系统不正常，则进行出错处理。PLC 的工作流程如图 1-8 所示。

在图 1-8 所示程序扫描过程中，PLC 按程序指令步序号（或地址号）对用户程序进行周期性循环扫描。如果程序中无跳转指令，则从第一条指令开始逐条顺序扫描执行用户程序，直至程序结束；然后重新返回第一条指令，开始下一轮扫描，如此不断循环。每扫描一次称为一个扫描周期，主要分为三个阶段，如图 1-9 所示。

1. 输入采样阶段

在输入采样阶段，PLC 顺序扫描各输入端，并将各输入状态存入相应的输入映像寄存器中，输入映像寄存器被刷新，该状态将被保持到本扫描周期结束，也即在此期间，即使输入信号的状态发生变化，输入映像寄存器的内容也保持不变。

2. 程序执行阶段

在程序执行阶段，PLC 从第 0 步开始从左到右、自上而下顺序扫描执行用户程序，并将当前输入映像寄存器和输出映像寄存器的相关内容读入，参与程序的运算、处理；最后将结果存入输出映像寄存器。因此输出映像寄存器的内容随着程序的执行会发生变化。

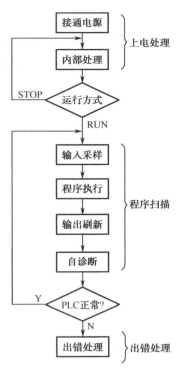

图 1-8　PLC 的工作流程

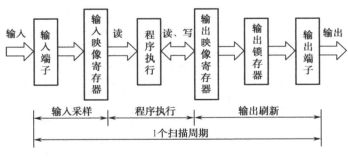

图 1-9　PLC 扫描周期

3. 输出刷新阶段

在输出刷新阶段，PLC 将输出映像寄存器中的内容转存到输出锁存器，刷新输出锁存器的内容，从而改变输出端子的状态，驱动负载，实现控制。

1.3　三菱 FX3U 系列可编程控制器

三菱 FX 系列可编程控制器是日本三菱公司推出的微型、小型 PLC 系列，主要有 FX0、

FX0N、FX1、FX1S、FX2、FX2N、FX3U 等系列，除基本单元外，还有扩展单元及功能模块供用户选用。FX3U 是三菱公司推出的较新的小型 PLC 机型，其基本单元按输入/输出总点数可分为 FX3U-16M、FX3U-32M、FX3U-48M、FX3U-64M、FX3U-80M、FX3U-128M 共 6 种，本书主要选用 FX3U-48MR/ES 型 PLC 作为载体进行阐述，其型号的含义如图 1-10 所示。

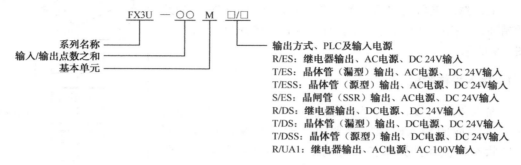

图 1-10　FX3U 系列 PLC 型号的含义

三菱 FX3U-48MR/ES 型可编程控制器的面板如图 1-11 所示。

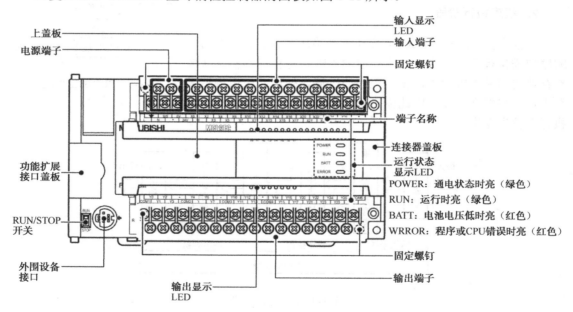

图 1-11　三菱 FX3U-48MR/ES 型可编程控制器的面板

图 1-11 中简要说明了面板上各部分的作用，其中输入/输出端子是 PLC 的重要部件，用于 PLC 进行外部连接，其数量、类型也是 PLC 的主要技术指标之一。FX3U 系列 PLC 输入点数和输出点数相等，均为 PLC 总点数的一半。

1. 输入端子

输入端子用于连接输入元件（如按钮、转换开关、行程开关、继电器触点和各种传感器等）。每一个输入端子都有一个输入继电器（X）与之对应，外部控制信号必须通过输入继电器传送到 PLC 内部。三菱 FX 系列 PLC 输入继电器（X）以八进制编码，FX3U-48MR/ES 型 PLC 的输入为 X000～X007、X010～X017、X020～X027 共 24 点。其输入回路的连接如图 1-12 所示。

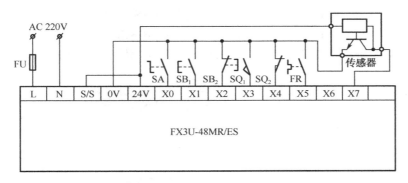

图 1-12　FX3U-48MR/ES 型 PLC 输入回路的连接

由于 FX3U-48MR/ES 型 PLC 为漏型输入，因此将 PLC 自带的 24V 电源和 S/S 端短接，为输入回路供电，同时也作为传感器的电源，0V 端为输入公共端。当输入点（X）和公共端接通时，输入继电器动作，其对应的常开软触点闭合，常闭软触点断开。例如，按下按钮 SB₁，X0 常开触点闭合，常闭触点断开；对于 X1 来说，由于外接的是常闭按钮 SB₂，因此未按下 SB₂ 时，X1 软触点动作；当按下 SB₂ 时，输入继电器 X1 断电，其对应的软触点恢复常态。

FX3U 系列 PLC 的运行状态（RUN/ STOP）可以通过面板上的方式转换开关进行切换，也可以在编程软件中直接切换。

2. 输出端子

输出端子用于驱动负载（接触器、电磁阀和指示灯等）实现控制。每个输出端子都有一个对应的输出继电器，输出继电器的状态由用户编制的程序控制，输出继电器得电，其对应的软触点动作，电源加到负载上，负载被驱动，这样负载的状态就由程序驱动输出继电器控制。三菱 FX 系列 PLC 的输出继电器（Y）同样以八进制编码，FX3U-48MR/ES 型 PLC 的输出为 Y000～Y007、Y010～Y017、Y020～Y027 共 24 点，前 16 点中每 4 点共用一个公共端口（COM1～COM4），后 8 点共用一个公共端（COM5），以适应额定电压不同的负载。其输出回路的连接如图 1-13 所示。

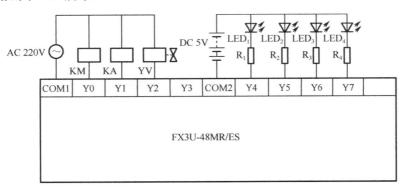

图 1-13　FX3U-48MR/ES 型 PLC 输出回路的连接

3. 通信接口

三菱 FX3U 系列 PLC 的通信接口主要有 RS-232C、RS-422 和 RS-485 等。FX3U 系列 PLC 可与计算机的 RS-232C 和 USB 接口通信。与计算机的 RS-232C 串口通信时，可用 SC-09-FX 电缆连接；与计算机的 USB 接口通信时，可应采用 USB-SC09 专用连接电缆，并需要安装驱动程序。SC-09-FX 通信电缆和 USB-SC09 通信电缆的实物图如图 1-14 所示。

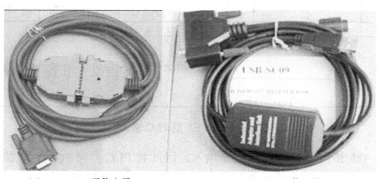

（a）SS-09-FX 通信电缆　　　　　（b）USB-SC09 通信电缆

图 1-14　FX3U 通信电缆

SC-09-FX 通信电缆一端是 9 芯的 D 型插头，与计算机的串行端口连接，电缆的另一端为 8 针圆形插头，用于与 PLC 直接相连。三菱 PLC 的编程软件主要有 GX Developer 和较新的 GX Works 2 软件，本书选用较为通用成熟的 GX Developer 软件。为了保证 PLC 与计算机间的正常通信，PLC 和计算机进行硬件通信连接后，还需在编程软件中对其进行设置，这一操作应在创建新工程后进行。

1）创建新工程

（1）打开编程软件，GX Developer 编程软件的初始界面如图 1-15 所示。

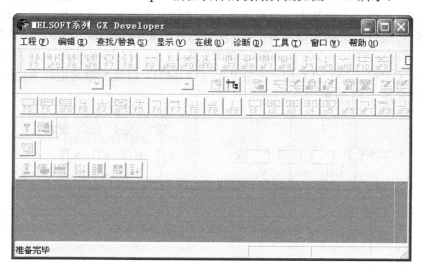

图 1-15　GX Developer 编程软件的初始界面

（2）选择菜单命令"工程"→"创建新工程"，如图 1-16 所示。

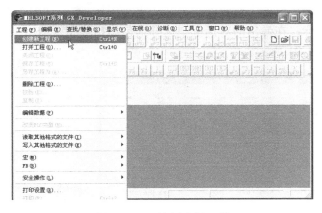

图 1-16　开始创建新工程

（3）在"创建新工程"对话框中选择 PLC 类型为"FX3U（C）"，如图 1-17 所示。

（4）单击"确定"按钮，新工程创建完毕，如图 1-18 所示。

图 1-17　选择 PLC 类型

图 1-18　新工程创建完毕

2）传输设置

（1）选择菜单命令"在线"→"传输设置"，如图 1-19 所示。

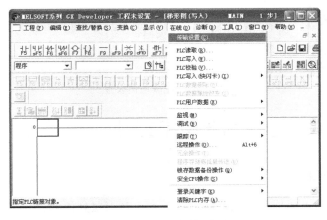

图 1-19　选择"传输设置"

（2）在弹出的"传输设置"对话框中，选择串行图标，如图 1-20 所示。

（3）双击串行图标，在弹出的对话框中选择通信串口类型（RS-232C 或 USB）、COM 端口和传送速度，如图 1-21 所示。

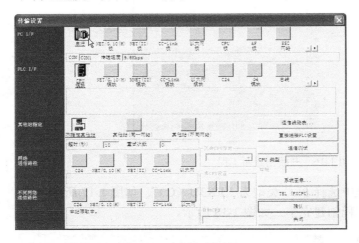

图 1-20　选择串行图标　　　　　　　　　　　　图 1-21　通信设置

（4）在"传输设置"对话框中单击"确认"按钮，完成 PLC 与计算机通信的传输设置，如图 1-22 所示。

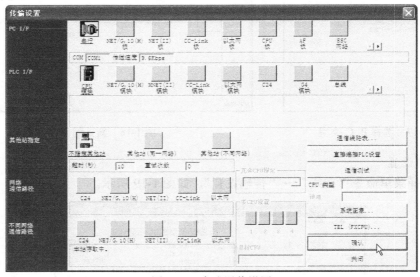

图 1-22　完成通信设置

1.4　一个简单的开关量控制应用实例

1.4.1　继电器控制电路

图 1-23 所示是继电器控制三相交流异步电动机单向运转电路。按下启动按钮 SB_2，接触器 KM 线圈得电自锁，其主触头闭合，电动机通入三相交流电连续运转；按下停止按钮 SB_1，

KM 线圈失电，电动机停转。熔断器和热继电器分别起短路保护和过载保护的作用。

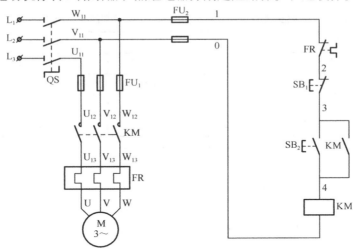

图 1-23　继电器控制三相交流异步电动机单向运转电路

图 1-23 所示电路中主要元器件的功能参见表 1-1。

表 1-1　主要元器件的功能

代　号	名　称	作　用
KM	交流接触器	正转控制
SB₁	停止按钮	停止控制
SB₂	启动按钮	正转启动控制
FR	热继电器	过载保护
FU₁	主熔断器	主回路短路保护
FU₂	控制熔断器	控制回路短路保护

　　可编程控制器由输入接口接收主令控制信号，运行控制程序后通过输出接口驱动负载，由负载决定输出设备的工作状态。因此在用可编程控制器实现图 1-23 所示电路控制功能时，需要将主令器件启动按钮 SB₂ 和停止按钮 SB₁ 与可编程控制器输入端连接，而 KM 接触器线圈则应连接至输出端。电动机的启动运行和停止仍然由接触器控制，因此在用 PLC 进行控制时，主回路和图 1-23 所示电路完全相同，无须更改；而控制回路的功能则要通过编制 PLC 控制程序来实现。

1.4.2　输入/输出分配

　　PLC 输入/输出的分配可以采用输入/输出分配表或输入/输出接线图的形式。

1. 输入/输出分配表

三相交流异步电动机单向运转 PLC 控制的输入/输出分配表参见表 1-2。

2. 输入/输出接线图

用三菱 FX3U-48MR/ES 型可编程控制器实现三相交流异步电动机单向运转控制，其输入/输出接线方法如图 1-24 所示。

表 1-2　三相交流异步电动机单向运转 PLC 控制的输入/输出分配表

输　入			输　出		
元　件	作　用	输　入　点	元　件	作　用	输　出　点
SB₁	停止	X0	KM	控制电动机运转	Y0
SB₂	启动	X1			
KH	过载保护	X2			

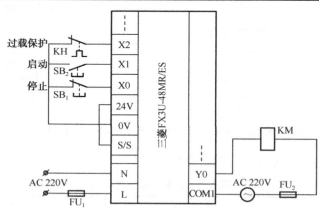

图 1-24　PLC 控制输入/输出接线方法（一）

1.4.3　程序设计

三菱 PLC 程序有梯形图、指令语句和状态转移图 3 种形式，梯形图与继电器电路相似，具备继电器电路基础知识的电气人员很容易接受和掌握梯形图。

1. 设计方法

PLC 程序设计的方法主要有经验法、翻译法、解析法和流程图法等。经验法是依据设计者的设计经验进行程序设计，对初学者不太适用；流程图法用于设计步进顺序控制程序，能使程序思路清晰，简单明了。下面用翻译法和解析法设计三相异步电动机单向运转控制程序。

1）翻译法

翻译法是将继电器电路的控制逻辑图直接转换为 PLC 梯形图的程序设计方法。因此对于具备继电器电路基础知识的初学者来说，翻译法是一种常用的方法。另外，在对传统电气设备进行技术改造时，原继电器控制系统经过长期运行，其控制逻辑的合理性和可靠性已得到了证明，在这种情况下，翻译法也是一种重要的程序设计方法。

用翻译法编程时，应根据输入/输出分配表或输入/输出接线图将继电器控制电路中的触点和线圈用对应的 PLC 软触点和软元件替代。必须注意，若输入端接的是输入元件的常开触点，则继电器控制电路中的常开、常闭触点分别用对应的 PLC 软触点的常开、常闭替代；若输入端接的是输入元件的常闭触点，则继电器控制电路中的常开触点应用 PLC 软触点的常闭触点替代，反之常闭触点用 PLC 软触点的常开触点替代，因为当 PLC 输入端外接输入元件的常闭触点时，输入元件未动作，输入点和 COM 端已连接，内接直流电源使输入继电器处于得电状态，其软触点会动作。

由图 1-24 可知，输入元件 SB_2 的常开触点和输入端 X1 相连，SB_1 和 FR 的常闭触点分别连接输入端 X0、X2，而控制三相交流异步电动机运转的接触器 KM 由输出继电器 Y0 控制，即输出继电器 Y0 得电，接触器 KM 吸合，电动机正转，反之电动机停止。图 1-23 所示继电器控制电路经替换后得到的 PLC 控制梯形图程序如图 1-25 所示。

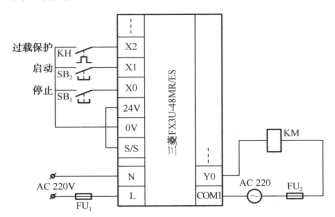

图 1-25　PLC 控制梯形图程序（一）

图 1-25 中，"END" 为程序结束指令。若将图 1-24 所示输入/输出接线图改画成如图 1-26 所示电路，用翻译法则可得到图 1-27 所示梯形图程序。

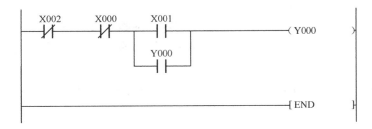

图 1-26　PLC 控制输入/输出接线方法（二）

图 1-27　PLC 控制梯形图程序（二）

2）解析法

解析法是将输入信号、输出信号的逻辑关系用逻辑表达式表示，并用逻辑代数简化程序的设计方法。由于这种方法简单明了，比较适合基本逻辑控制程序的设计。

PLC 软触点、软元件都有通、断两种状态，可以分别与逻辑代数中的 "0"、"1" 相对应；

触点之间的串联、并联分别和逻辑"与"、"或"相对应，而常闭触点则与逻辑"非"对应。这样就可以通过真值表得到输出的逻辑表达式，并根据逻辑表达式画出梯形图程序。若输入/输出接线图如图 1-26 所示，可列出表 1-3 所示真值表。

表 1-3　真值表

输　　入				输　　出
X0	X1	X2	Y0	Y0
×	0	×	0	0
0	1	0	1	1
×	×	1	0	0
1	×	×	0	0

由真值表可以列出输出 Y0 的表达式，即

$$Y0=(X1+Y0)\overline{X0}\,\overline{X2}$$

此逻辑表达式已经最简，不需要再进行简化。由逻辑表达式可以画出梯形图，如图 1-28 所示。

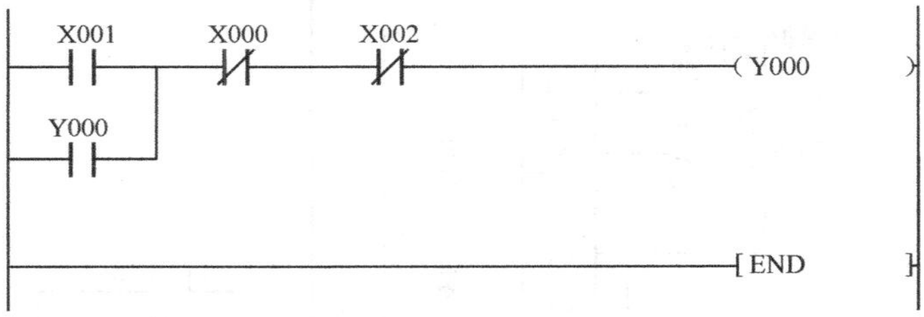

图 1-28　逻辑表达式对应的梯形图

2. 梯形图程序设计基本原则

尽管梯形图程序与继电器控制电路十分相似，但仍存在一些差异，因此在设计梯形图程序时，应遵循其基本的设计原则。

（1）梯形图程序起始于左母线，终止于右母线，应按自上而下、从左至右的方式编制。逻辑线圈应和右母线直接相连，中间不能有任何元件。图 1-29（a）应转换成图 1-29（b）。

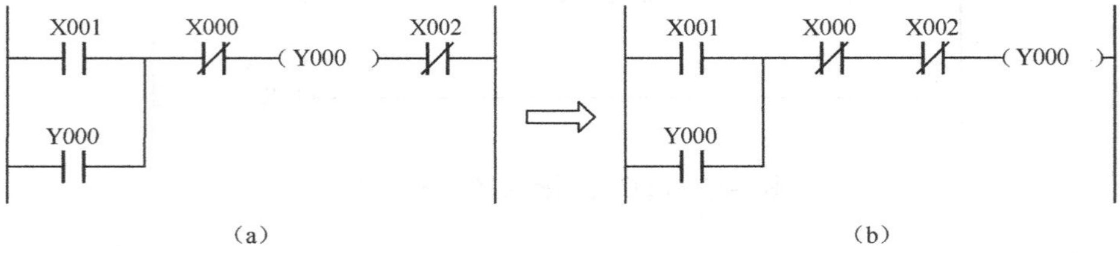

（a）　　　　　　　　　　　　　　　　　（b）

图 1-29　线圈与右母线之间不能有元件

（2）几条支路并联时，串联触点多的支路尽量放在上方，以使程序最简。图 1-30（a）应转换成图 1-30（b）。

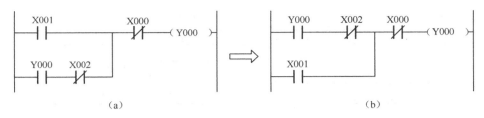

图 1-30　串联触点多的支路放在上方

（3）并联电路块串联时，并联支路多的电路块尽量靠近左母线也可简化程序。图 1-31（a）应转换成图 1-31（b）。

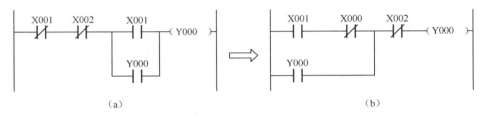

图 1-31　并联支路多的电路块靠近左母线

（4）桥式电路应转换为连接关系更明确的电路，否则无法输入。图 1-32（a）应转换成图 1-32（b）。

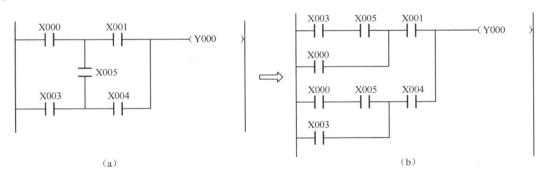

图 1-32　桥式电路转换

（5）在梯形图中一般不宜出现双线圈。

根据上述设计原则，图 1-25 和图 1-27 所示梯形图程序都应进行相应的修改，图 1-27 所示梯形图程序应改成图 1-28 所示梯形图程序。

1.4.4　系统安装与调试

1. 程序输入

（1）打开 GX 编程软件，按前面所述方法创建名为"电动机单向运转控制"的新工程。编程软件梯形图设计界面如图 1-33 所示。

（2）单击程序工具条的 按钮，在"写入模式"下单击梯形图符号工具条的 按钮或直接按快捷键 F5，在"梯形图输入"对话框中输入编号"X1"，如图 1-34 所示。

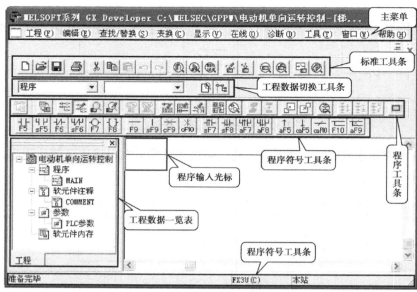

图 1-33　编程软件梯形图设计界面

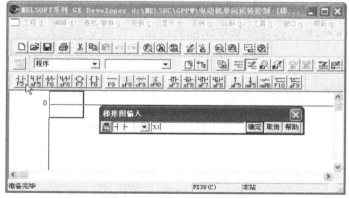

图 1-34　输入 X1 常开触点

（3）单击"确定"按钮完成"X1"常开触点的输入，并将光标停在图 1-35 所示位置，准备输入"Y0"并联触点。

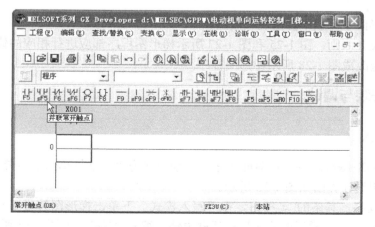

图 1-35　准备输入"Y0"并联触点

（4）单击 按钮或按组合键 Shift+F5，在"梯形图输入"对话框中输入编号"Y0"，如图 1-36 所示。

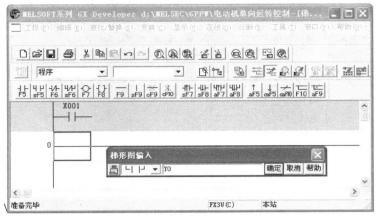

图 1-36　输入并联常开触点

（5）单击"确定"按钮完成"Y0"并联常开触点的输入，并将光标停在图 1-37 所示位置，准备输入"X0"常闭触点。

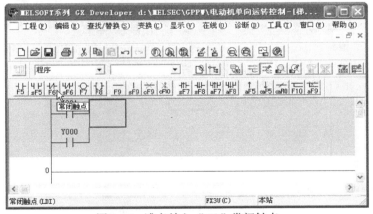

图 1-37　准备输入"X0"常闭触点

（6）单击 按钮或按快捷键 F6，在"梯形图输入"对话框中输入编号"X0"，如图 1-38 所示。

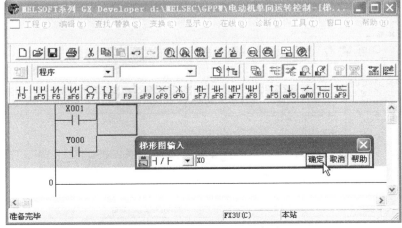

图 1-38　输入"X0"常闭触点

（7）单击"确定"按钮完成"X0"常闭触点的输入，如图 1-39 所示。

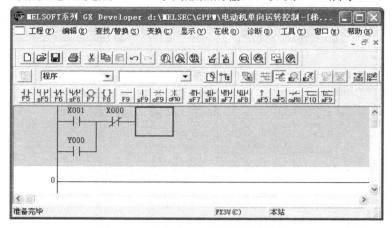

图 1-39　完成"X0"常闭触点的输入

（8）按相同的方法输入"X2"常闭触点，准备输入"Y0"线圈，如图 1-40 所示。

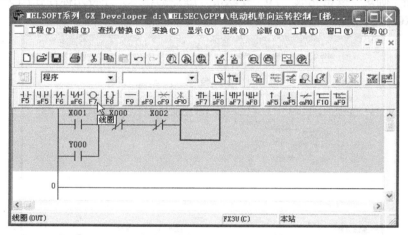

图 1-40　准备输入"Y0"线圈

（9）单击 按钮或按快捷键 F7，在"梯形图输入"对话框中输入编号"Y0"，如图 1-41 所示。

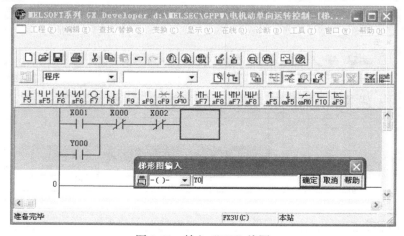

图 1-41　输入"Y0"线圈

（10）单击"确定"按钮，完成整个程序的输入，如图 1-42 所示。

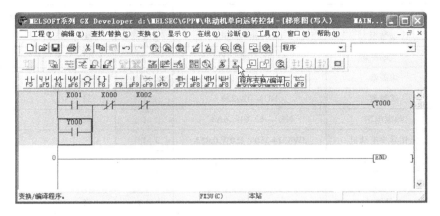

图 1-42　完成程序输入

（11）单击或按钮，将程序进行编译，使灰色梯形图编辑区域变白后，准备传送和调试程序，如图 1-43 所示。

图 1-43　编译后的程序

2. 系统安装

1）准备元件器材

继电器控制三相交流异步电动机单向运转电路所需元件器材参见表 1-4。

表 1-4　元件器材

序　号	名　　称	型 号 规 格	数　量	单　位	备　　注
1	计算机		1	台	装有 GX Developer 编程软件
2	PLC	三菱 FX3U-48MR/ES	1	台	

续表

序 号	名 称	型号规格	数 量	单 位	备 注
3	安装板	600mm×900mm	1	块	网孔板
4	空气断路器	Multi9 C65N D20	1	只	
5	熔断器	RT28-32	7	只	
6	接触器	NC3—09/220	1	只	
7	热继电器	NR4—63（1-1.6A）	1	只	
8	三相异步电动机	JW6324-380V 250W 0.85A	1	只	
9	控制变压器	JBK3-100　380/220	1	只	
10	按钮	LA4-3H	1	只	
11	导轨	C45	0.3	米	
12	端子	D-20	20	只	
13		$BV1/1.37mm^2$	10	米	主电路
14	铜塑线	$BV1/1.13mm^2$	15	米	控制电路
15		$BVR7/0.75mm^2$	10	米	
16		M4*20 螺杆	若干	只	
17	紧固件	M 4*12 螺杆	若干	只	
18		$\phi4$ 平垫圈	若干	只	
19		$\phi4$ 弹簧垫圈及 $\phi4$ 螺母	若干	只	
20	号码管		若干	米	
21	号码笔		1	支	

2）安装接线

（1）按图1-44布置元器件。

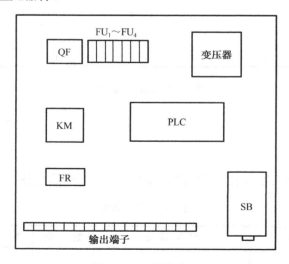

图1-44　元器件布局

（2）按图1-45安装接线。

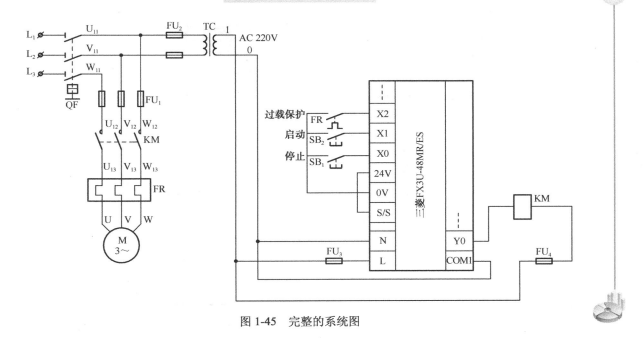

图 1-45 完整的系统图

3）写入程序并监控

（1）单击标准菜单中的按钮 或选择菜单命令"在线"→"PLC 写入"，如图 1-46
所示。

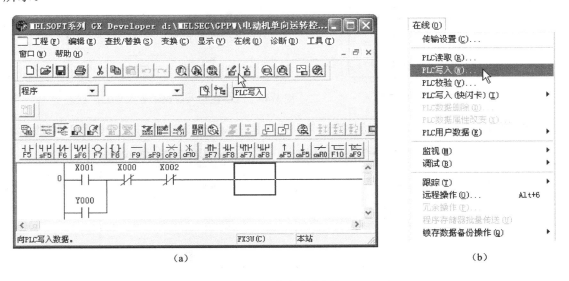

（a）   （b）

图 1-46 准备程序写入

（2）弹出如图 1-47 所示的"PLC 写入"对话框，选择程序"MAIN"，单击"执行"按钮，
执行将用户程序下载至 PLC 的动作。

（3）在如图 1-48 所示的对话框中单击"是"按钮，确认执行将程序写入 PLC。

（4）PLC 在 RUN 状态执行 PLC 写入操作时会出现如图 1-49 所示的对话框，单击"是"
按钮，使 PLC 处于 STOP 状态。

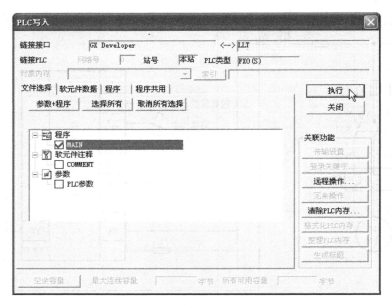

图 1-47 "PLC 写入"对话框

图 1-48 确认 PLC 写入

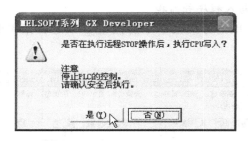

图 1-49 PLC 在写入前提示进入 STOP 状态

（5）PLC 写入过程中，"软元件检查"和"主程序 MAIN 写入"进度条如图 1-50 所示。

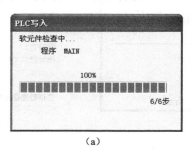

（a）

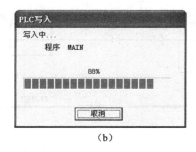

（b）

图 1-50 PLC 写入进度条

（6）PLC 写入后，在图 1-51 所示对话框中单击"确定"按钮，完成整个程序的写入。

（7）单击程序工具条中的按钮 ➡ 或选择菜单命令"在线"→"监视"→"监视模式"，如图 1-52 所示。

（8）弹出如图 1-53 所示的监视模式界面。系统默认以

图 1-51 完成写入对话框

蓝色显示触点或线圈处于接通状态。

图 1-52　进入"监视模式"的菜单操作

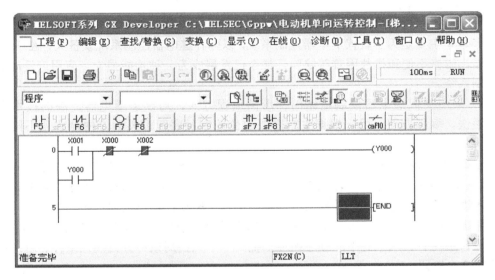

图 1-53 监视模式界面

3. 系统调试

（1）在教师现场监护下进行通电调试，验证系统控制功能是否符合要求。

（2）如果出现故障，学生根据出现的故障现象独立检修相关电路或修改梯形图。

（3）系统检修完毕后应重新通电调试，直至系统正常工作。

 拓展与延伸

根据图 1-54 所示原理图列出输入/输出分配表，画出输入/输出接线图，并用翻译法编制 PLC 控制程序。上机调试该程序以实现控制要求。

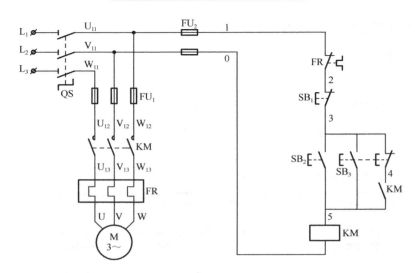

图 1-54　点动、自锁继电器控制电路原理图

 本章小结

　　PLC 最初主要是为了替代继电器控制系统，以弥补继电器控制系统设备大、触点寿命短、可靠性差、维修不便和排故困难等缺陷，如今已发展成为一种功能强大、应用广泛的典型计算机控制系统。

　　PLC 采用类似继电器控制电路的梯形图编程方式，对熟悉继电器控制的技术人员来说，上手快、编程方便。用户根据生产需要改变控制程序即可灵活方便地实现不同的控制功能。

　　PLC 硬件一般由 CPU、存储器、输入/输出接口、电源、外部设备接口和扩展接口等几部分构成。三菱 FX3U 系列 PLC 输入/输出接口均以八进制编号，输入接口用于接收外部控制信号，输入继电器的状态取决于外部信号，不能由程序驱动；输出接口用于驱动负载实现控制功能，输出继电器的状态取决于驱动程序。PLC 是以一个扫描周期为单位循环扫描的方式工作的，按自左向右、从上到下的顺序循环扫描，一个扫描周期可分为输入采样、程序执行和输出刷新 3 个阶段。

　　PLC 控制系统的设计一般有 PLC 选型、输入/输出分配、程序设计和系统安装调试等几个步骤。程序设计的方法主要有经验法、翻译法、解析法和流程图法等几种。

 本章习题与思考题

1. 什么是 PLC？PLC 硬件由哪几部分组成？
2. 三菱 FX3U-48MR/ES 型 PLC 采用何种输出形式？输入、输出点数各是多少？
3. 三菱 FX 系列 PLC 的通信接口有哪几种？三菱 FX3U 系列 PLC 应如何与计算机连接？
4. 何谓一个扫描周期？简述 PLC 循环扫描的工作过程。
5. 举例说明 PLC 控制系统与继电器控制系统工作原理的区别。
6. 试将图 1-55 所示楼梯灯控制电路改用 PLC 控制。要求列出输入/输出分配表，画出输入/输出接线图，并用翻译法和解析法分别设计梯形图程序。

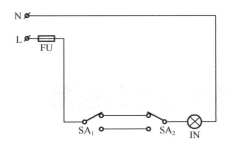

图 1-55　楼梯灯控制电路

第2章

可编程控制器基本指令的应用

本章学习目标

本章以控制实例的形式介绍了三菱 FX3U 系列可编程控制器的基本指令及应用方法。要求掌握基本指令的指令格式、使用方法；熟练应用基本指令，用梯形图和指令语句两种方式进行程序设计；掌握定时器、计数器的编程技巧，独立进行系统安装和调试。

2.1 三相交流异步电动机正反转控制系统

在实际生产设备中经常要求三相交流异步电动机既能正转又能反转，而改变三相交流异步电动机转向最基本的方法是改变接入的三相电源的相序，即对调三根电源相线中的任意两根。下面介绍用可编程控制器实现三相交流异步电动机正反转控制的方法。

2.1.1 控制任务分析

1. 控制要求

（1）三相交流异步电动机正转、反转均能启动和停止。
（2）三相交流异步电动机正、反转之间能够直接进行切换。
（3）具有短路保护和过载保护。

2. 控制要求分析

三相交流异步电动机正反转继电器控制系统电气原理图如图 2-1 所示。
图 2-1 所示电路中主要元器件的功能参见表 2-1。

表 2-1　主要元器件的功能

代　号	名　　称	功　　能
KM$_1$	交流接触器	正转控制
KM$_2$	交流接触器	反转控制
SB$_1$	正转启动按钮	正转启动控制
SB$_2$	反转启动按钮	反转启动控制
SB$_3$	停止按钮	停止控制
KH	热继电器	过载保护

续表

代　号	名　称	功　能
FU₁	主熔断器	主电路短路保护
FU₂	控制熔断器	控制电路短路保护

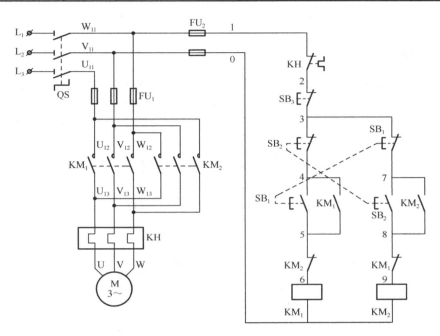

图 2-1　三相交流异步电动机正反转继电器控制系统电气原理图

用 PLC 控制三相交流异步电动机正反转时，通过程序控制 PLC 输出点，再由输出点驱动接触器 KM₁、KM₂ 实现电动机正反转。因此 PLC 控制系统的主电路与图 2-1 所示电路相同，而控制电路的功能则通过编制 PLC 程序实现；各个主令信号和 PLC 输入点相连，输出点 Y0、Y1 驱动接触器控制电动机正反转。前面已介绍了用翻译法和解析法设计梯形图程序的操作方法，下面学习相关的基本指令。

2.1.2　相关基础知识

1. 触点母线连接指令（LD、LDI）与线圈驱动指令（OUT）

（1）LD：常开触点母线连接指令，用于常开触点与母线的连接，即逻辑运算起始于常开触点。

（2）LDI：常闭触点母线连接指令，用于常闭触点与母线的连接，即逻辑运算起始于常闭触点。

（3）OUT：线圈驱动指令，用于根据逻辑运算结果驱动一个指定线圈。

LD、LDI 及 OUT 指令的应用举例如图 2-2 所示。

图2-2 LD、LDI及OUT指令的应用举例

 说明：

（1）LD、LDI的操作元件为输入继电器X、输出继电器Y、辅助继电器M、状态继电器S、定时器T、计数器C的触点和数据寄存器D的位地址"D□.b"。

（2）LD、LDI除用于触点与母线的连接外，还可与后面介绍的ANB、ORB指令配合用于各分支的起始位置。

（3）OUT指令的操作元件为Y、M、S、T、C的线圈和"D□.b"。对于定时器T和计数器C来说，运用OUT指令后需要加上设定值。

（4）多次连续使用OUT指令可实现多个线圈的并联；但OUT指令不能驱动输入继电器X。

2. 触点串联指令（AND、ANI）

（1）AND：用于单个常开触点的串联，"与"操作指令。

（2）ANI：用于单个常闭触点的串联，"与非"操作指令。

AND、ANI指令的应用举例如图2-3所示。

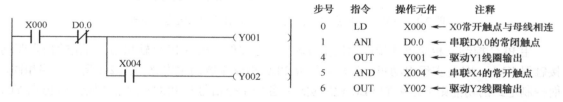

图2-3 AND、ANI指令的应用举例

 说明：

（1）AND、ANI指令的操作元件为X、Y、M、S、T、C的触点和数据寄存器D的位地址"D□.b"。

（2）AND、ANI指令可连续重复使用，用于单个触点的连续串联，使用次数不限。

（3）数据寄存器D的位触点的接通与断开取决于该位的值是0还是1。当D0.0=0时，其触点保持原始状态，即常开触点断开，常闭触点接通；当D0.0=1时，其触点则动作，即常开触点闭合，常闭触点断开。

3. 触点并联指令（OR、ORI）

（1）OR：用于单个常开触点的并联，"或"操作指令。

（2）ORI：用于单个常闭触点的并联，"或非"操作指令。

OR、ORI 指令的应用举例如图 2-4 所示。

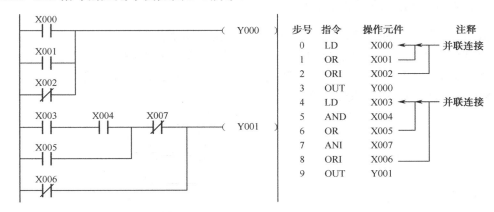

图 2-4　OR、ORI 指令的应用举例

 说明：

（1）OR、ORI 指令的操作元件为 X、Y、M、S、T、C 的触点和数据寄存器 D 的位地址 "D□.b"。

（2）OR、ORI 指令可将触点并联于以 LD、LDI 起始的电路块。

（3）OR、ORI 指令可连续重复使用，用于单个触点的连续并联，使用次数不限。

4. 串联电路块的并联指令（ORB）

ORB 为串联电路块的并联指令，用于两个或两个以上串联电路块的并联。

两个或两个以上触点串联连接的支路称为串联电路块。在串联电路块并联时，每个串联电路块都以 LD、LDI 指令起始，用 ORB 指令将两个串联电路块并联连接。

ORB 指令的应用举例如图 2-5 所示。

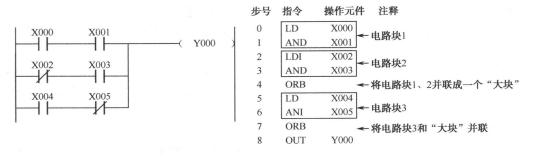

图 2-5　ORB 指令的应用举例

 说明：

（1）ORB 指令无操作元件。

（2）多个串联电路块并联时，若每并联一个电路块均使用一次 ORB 指令，则并联的电路块数没有限制。

（3）多个串联电路块并联时，可集中连续使用 ORB 指令，但使用的次数应少于 8 次。

5. 并联电路块的串联指令（ANB）

ANB 为并联电路块的串联指令，用于并联电路块的串联。

两个或两个以上触点并联连接的电路称为并联电路块。在并联电路块串联时，每个并联电路块都以 LD、LDI 指令起始，用 ANB 指令将两个并联电路块串联连接。

ANB 指令的应用举例如图 2-6 所示。

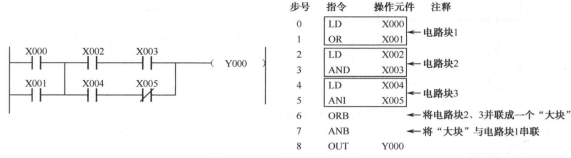

图 2-6　ANB 指令的应用举例

 说明：

（1）ANB 指令无操作元件。

（2）多个并联电路块串联时，若每串联一个电路块均使用一次 ANB 指令，则并联的电路块数没有限制。

（3）多个并联电路块串联时，可集中连续使用 ANB 指令，但使用的次数应少于 8 次。

6. 多重输出指令（MPS、MRD、MPP）

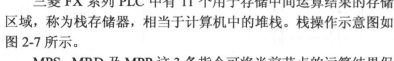

（1）MPS（Push）：进栈指令，用于存储当前的运算结果，原来栈中内容下移。

（2）MRD（Read）：读栈指令，用于读出栈顶的内容。

（3）MPP（Pop）：出栈指令，用于读出并清除栈顶的内容，其余栈中内容上移。

三菱 FX 系列 PLC 中有 11 个用于存储中间运算结果的存储区域，称为栈存储器，相当于计算机中的堆栈。栈操作示意图如图 2-7 所示。

图 2-7　栈操作示意图

MPS、MRD 及 MPP 这 3 条指令可将当前节点的运算结果保存起来，当需要该节点处的运算结果时再读出，以保证多重输出电路的正确连接。

MPS、MRD 及 MPP 指令的应用举例如图 2-8 所示。

 说明：

（1）MPS、MRD、MPP 指令无操作元件。

（2）多重输出指令为组合指令，不能单独使用，MPS、MPP 指令必须成对使用，但使用次数应少于 11 次。

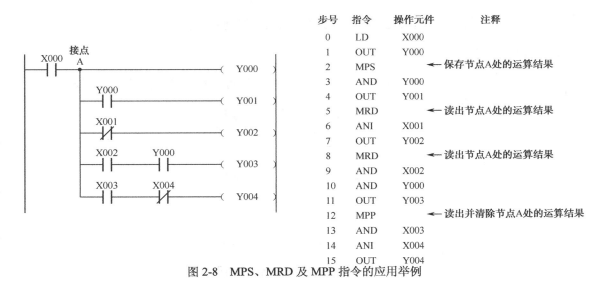

步号	指令	操作元件	注释
0	LD	X000	
1	OUT	Y000	
2	MPS		← 保存节点A处的运算结果
3	AND	Y000	
4	OUT	Y001	
5	MRD		← 读出节点A处的运算结果
6	ANI	X001	
7	OUT	Y002	
8	MRD		← 读出节点A处的运算结果
9	AND	X002	
10	AND	Y000	
11	OUT	Y003	
12	MPP		← 读出并清除节点A处的运算结果
13	AND	X003	
14	ANI	X004	
15	OUT	Y004	

图 2-8　MPS、MRD 及 MPP 指令的应用举例

2.1.3　输入/输出分配

1. 输入/输出分配表

三相交流异步电动机正反转控制电路的输入/输出分配表参见表 2-2。

表 2-2　输入/输出分配表

输　入			输　出		
元　件	作　用	输　入　点	元　件	作　用	输　出　点
SB$_1$	正转启动	X0	KM$_1$	电动机正转控	Y0
SB$_2$	反转启动	X1	KM$_2$	电动机反转控	Y1
SB$_3$	停止	X2			
KH	过载保护	X3			

2. 输入/输出接线图

用三菱 FX3U-48MR/ES 型可编程控制器实现三相交流异步电动机正反转控制系统的输入/输出接线图如图 2-9 所示。

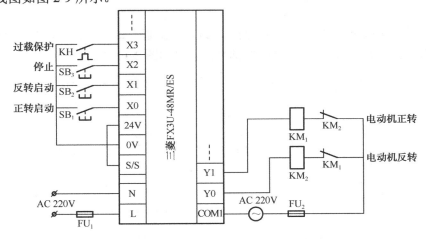

图 2-9　三相交流异步电动机正反转控制系统的输入/输出接线图

图 2-9 所示电路中的输出回路采用了接触器联锁，以使系统更加安全可靠。

2.1.4　程序设计

根据图 2-1，通过翻译法容易得出电动机正反转控制梯形图程序，如图 2-10 所示。

图 2-10　电动机正反转控制梯形图程序

根据图 2-10 可以写出梯形图对应的指令语句：

0	LDI	X003
1	ANI	X002
2	MPS	
3	LD	X000
4	OR	Y000
5	ANB	
6	ANI	X001
7	ANI	Y001
8	OUT	Y000
9	MPP	
10	LD	X001
11	OR	Y001
12	ANB	
13	ANI	X000
14	ANI	Y000
15	OUT	Y001
16	END	

图 2-10 所示梯形图未将并联支路多的电路块放在靠近左母线的位置，不符合梯形图设计的基本原则，修正后的电动机正反转控制梯形图程序如图 2-11 所示。

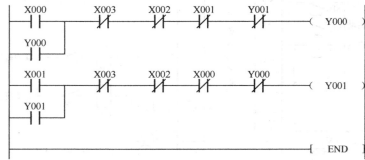

图 2-11　修正后的电动机正反转控制梯形图程序

根据图 2-11 写出对应的指令语句：

0	LD	X000
1	OR	Y000
2	ANI	X003
3	ANI	X002
4	ANI	X001
5	ANI	Y001
6	OUT	Y000
7	LD	X001
8	OR	Y001
9	ANI	X003
10	ANI	X002
11	ANI	X001
12	ANI	Y000
13	OUT	Y001
14	END	

可以看出，图 2-11 对应的指令语句比图 2-10 对应的指令语句步数少，并省去了 MPS、MPP 和 ANB 指令，按梯形图设计的基本原则修改后使程序得到了简化。

2.1.5　系统安装与调试

1．程序输入

三菱 PLC 控制程序指令也可以通过键盘直接输入，下面用这种方法输入电动机正反转控制程序。

（1）打开 GX Developer 编程软件，创建"正反转控制"新工程，将光标放在起始位置。如图 2-12 所示。

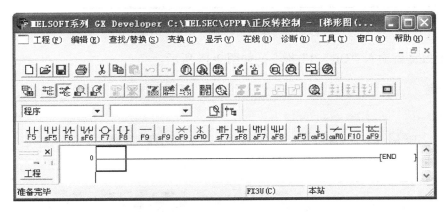

图 2-12　创建"正反转控制"新工程

（2）在程序工具条上选择"写入模式"，通过键盘输入"LD　X0"指令，如图 2-13 所示。

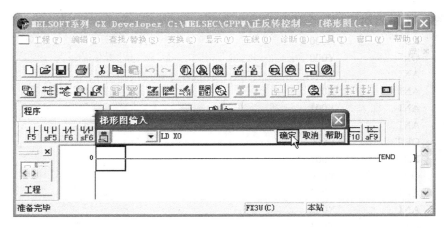

图 2-13　输入"LD X0"指令

（3）直接按回车键输入指令，并将光标放在常开触点"X0"下方，如图 2-14 所示。

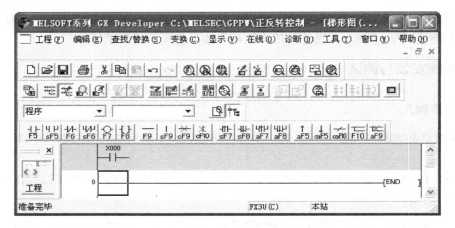

图 2-14　完成常开触点"X0"的输入

（4）通过键盘输入"OR Y0"指令，如图 2-15 所示。

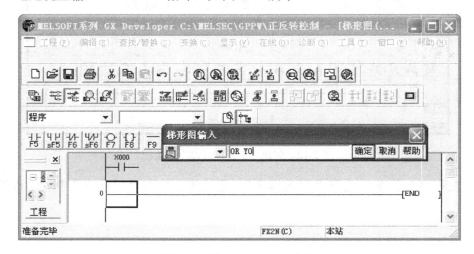

图 2-15　输入"OR Y0"指令

（5）按回车键输入指令，并将光标放在常开触点"X0"右方，如图 2-16 所示。

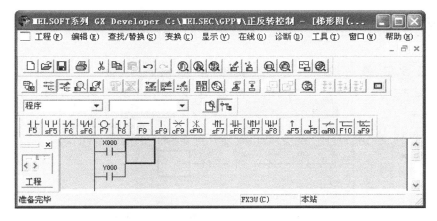

图 2-16　完成常开触点"X0"的并联

（6）通过键盘输入"ANI X3"指令，如图 2-17 所示。

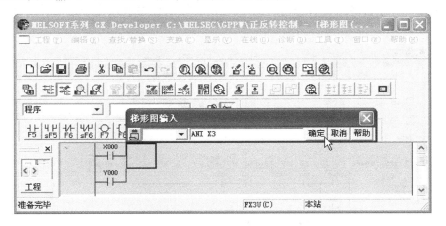

图 2-17　输入"ANI X3"指令

（7）按同样的方法输入 X2、X1、Y1 的常闭触点，并将光标停在图 2-18 所示位置，准备
输入"Y0"线圈。

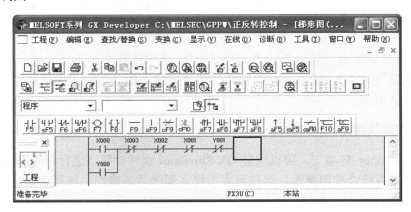

图 2-18　准备输入"Y0"线圈

（8）通过键盘输入"OUT Y0"指令，如图2-19所示。

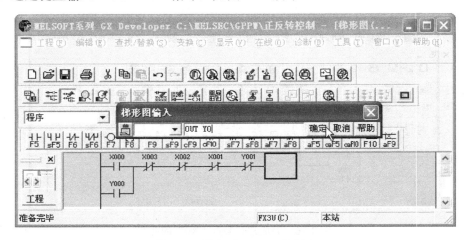

图2-19 输入"OUT Y0"指令

（9）按同样的方法将图2-11所示电动机正反转控制程序输入完毕之后并转换，如图2-20所示。

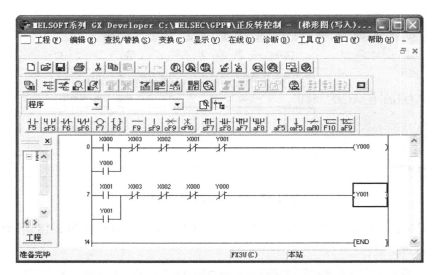

图2-20 完成程序的输入并转换

（10）选择菜单命令"显示"→"列表显示"，或单击程序工具条上的"梯形图/指令表显示切换"按钮 ，GX Developer 编程软件即可使梯形图以前面给出的指令语句列表的形式显示，如图2-21所示。

2. 程序的逻辑测试

在 GX Developer 环境下，可以安装 GX Simulator 软件对程序进行逻辑测试（仿真），以测试程序运行是否符合控制要求，这样可大大提高程序的正确性，使程序设计人员的程序调试更为方便。

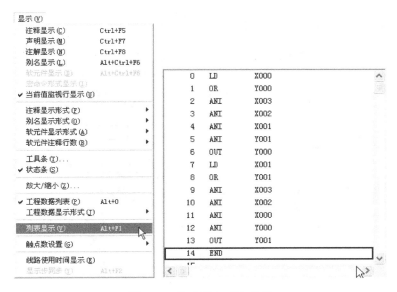

图 2-21　指令语句列表显示

　　但目前的 GX Simulator 6 软件不支持三菱公司新推出的 FX3U 系列 PLC 程序的测试，而 FX3U 系列的 PLC 具有所有 FX2N 系列的功能，其指令集也涵盖了 FX2N 几乎所有的指令，因此只要程序不涉及 FX3U 新增指令，都可以先在 FX2N 机型下进行逻辑测试，然后再将机型改为 FX3U 系列，并下载到 PLC 进行程序调试。

　　1）修改机型

　　（1）选择菜单命令"工程"→"改变 PLC 类型"，如图 2-22 所示。

　　（2）在弹出的"改变 PLC 类型"对话框中选择"PLC 类型"为"FX2N（C）"，如图 2-23 所示。

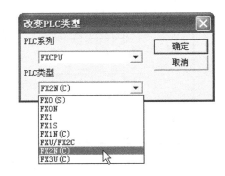

图 2-22　准备改变 PLC 类型　　　　　　　　图 2-23　选择 PLC 类型

　　（3）单击"确定"按钮，并在连续弹出的对话框中单击"确认"和"是"按钮，如图 2-24 所示。

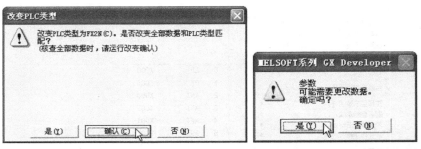

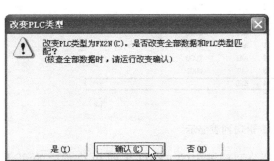

图 2-24　更改 PLC 参数的确认

（4）完成 PLC 类型的更改后，即可进行梯形图逻辑测试。

2）梯形图逻辑测试

（1）在程序工具条中单击"梯形图逻辑测试启动/结束"按钮 ▣，准备测试梯形图程序，如图 2-25 所示。

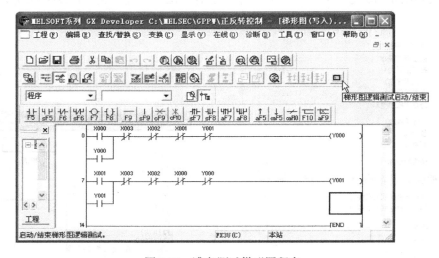

图 2-25　准备测试梯形图程序

（2）单击"梯形图逻辑测试启动/结束"按钮，出现如图 2-26 所示的进度条和测试界面。

（3）进入"监视模式"后即可看到处于接通状态的触点或线圈会以蓝色显示，如图 2-27 所示。

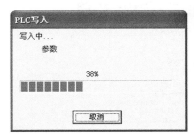
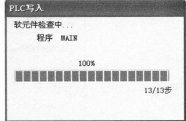

图 2-26　进入梯形图测试界面

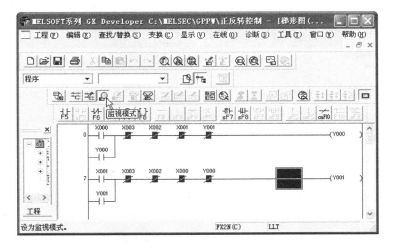

图 2-27　进入测试状态后 GX Developer 的背景

（4）在梯形图逻辑测试界面中选择菜单命令"菜单启动"→"I/O 系统设定"，如图 2-28 所示。

（5）出现如图 2-29 所示的 I/O 系统设定界面。

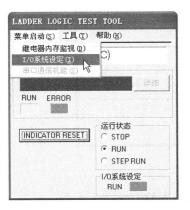

图 2-28　准备进行 I/O 系统设定

图 2-29　I/O 系统设定界面

（6）单击"条件"区域任意一个下拉按钮▼，出现如图 2-30 所示的"软元件指定"对话框，按图设置启动条件"X0"、"X1"和停止条件"X2"、"X3"的各选项。

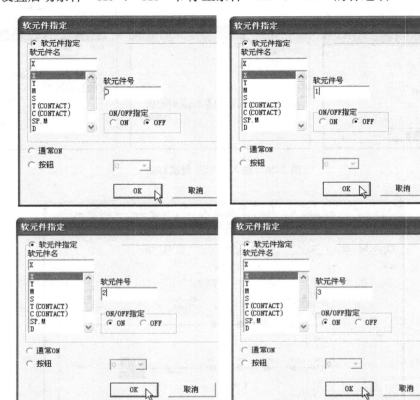

图 2-30　设置启动和停止条件

（7）设置启动条件和停止条件完成之后，I/O 界面如图 2-31 所示。

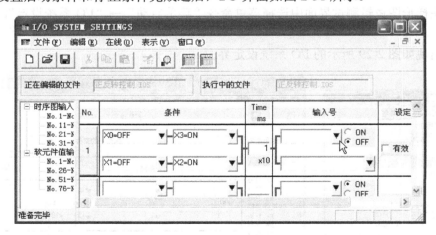

图 2-31　I/O 界面

（8）单击"输入号"区域的按钮▼，在出现的对话框中按图 2-32 所示进行设置。

（9）单击"添加"和"OK"按钮，并选择"OFF"和"有效"，如图 2-33 所示。

图 2-32　设置启动条件和停止条件

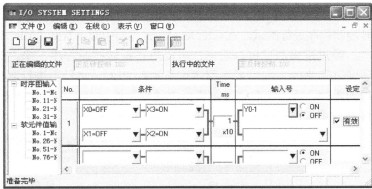

图 2-33　设置完成后的 I/O 系统界面

（10）单击保存按钮▣或执行按钮▥保存 I/O 系统设定文件（*.IOS），并单击监视模式按钮 ₰，进入逻辑测试状态，如图 2-34 所示。

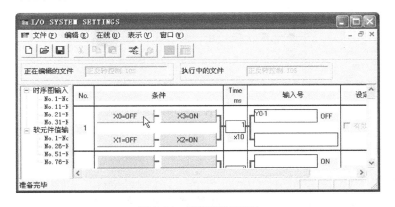

图 2-34　逻辑测试界面

（11）单击"X0=OFF"按钮，在 GX Developer 界面中即可看到"Y0"处于得电状态，如图 2-35 所示。

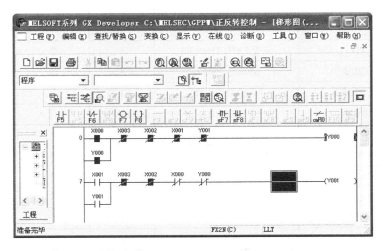

图 2-35　正转控制程序的逻辑测试

（12）再次单击"X0=OFF"按钮，使"X0"处于断开状态，并单击"X1=OFF"按钮，对反转控制程序进行测试。在 GX Developer 界面中即可看到"Y1"处于得电状态，如图 2-36 所示。

经过逻辑测试可以看出，电动机正反转控制程序正确。值得注意的是，在测试时，若程序经过了修改，则需要将程序重新写入 PLC，然后再进行测试，以保证被测试的程序是修改后的程序，而 I/O 系统设定界面中的参数经过修改后，也应重新保存，并且进入监视模式后，再进行逻辑测试。

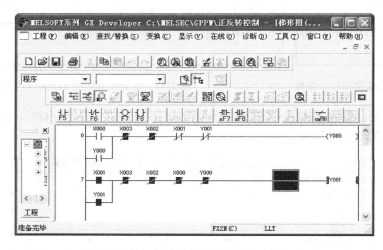

图 2-36　反转控制程序的逻辑测试

3. 系统安装

1）元件器材

用 PLC 实现三相交流异步电动机正反转控制系统所需元件器材参见表 2-3。

表 2-3　元件器材

序　号	名　　称	型 号 规 格	数　　量	单　位	备　　注
1	计算机		1	台	装有 GX Developer 编程软件
2	PLC	三菱 FX3U-48MR/ES	1	台	
3	安装板	600mm×900mm	1	块	网孔板
4	空气断路器	Multi9 C65N D20	1	只	
5	熔断器	RT28-32	7	只	
6	接触器	NC3—09/220	2	只	
7	热继电器	NR4—63（1-1.6A）	1	只	
8	三相异步电动机	JW6324-380V 250W 0.85A	1	只	
9	控制变压器	JBK3-100　380/220	1	只	
10	按钮	LA4-3H	1	只	
11	导轨	C45	0.3	米	

续表

序　号	名　　称	型 号 规 格	数　量	单　位	备　注
12	端子	D-20	20	只	
13		BV1/1.37mm^2	10	米	主电路
14	铜塑线	BV1/1.13mm^2	15	米	控制电路
15		BVR7/0.75mm^2	10	米	
16		M4*20 螺杆	若干	只	
17	紧固件	M 4*12 螺杆	若干	只	
18		ϕ4 平垫圈	若干	只	
19	紧固件	ϕ4 弹簧垫圈及 ϕ4 螺母	若干	只	
20	号码管		若干	米	
21	号码笔		1	支	

2）安装接线

（1）按图 2-37 布置元器件。

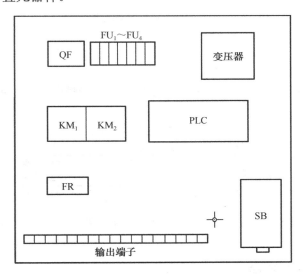

图 2-37　元器件布局

（2）按图 2-38 安装接线。

3）写入程序并监控

将程序写入 PLC，并启动程序监控。

4. 系统调试

（1）在教师现场监护下进行通电调试，验证系统控制功能是否符合要求。

（2）如果出现故障，学生应根据出现的故障现象独立检修相关电路或修改梯形图。

（3）系统检修完毕应重新通电调试，直至系统正常工作。

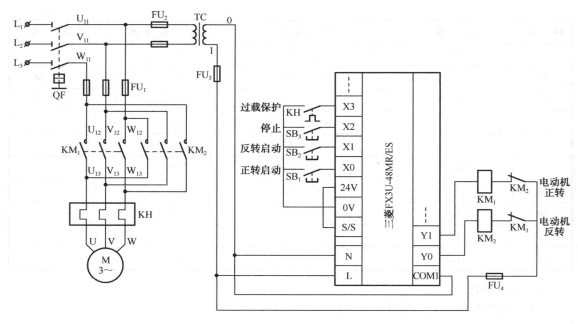

图 2-38　完整的系统图

 拓展与延伸

　　用 PLC 实现电力拖动控制电路中小车自动往返控制电路的控制功能。小车运动示意图如图 2-39 所示。

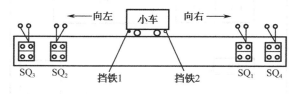

图 2-39　小车运动示意图

2.2　流水灯控制系统

　　工业控制中经常需要对控制对象进行时间控制，在继电器电路中可用时间继电器来实现该功能，而在 PLC 控制系统中则通过内部的定时器来完成同样的控制功能。下面通过一个简单的流水灯控制系统学习定时器的基本用法。

2.2.1　控制任务要求及分析

1. 控制任务要求

有三盏灯分别为红灯、绿灯和黄灯。要求如下。

（1）按下启动按钮 SB$_1$，三盏灯按以下顺序循环：

红灯亮 —1s→ 红灯灭，绿灯亮 —1s→ 绿灯灭，黄灯亮 —1s→ 全灭 —1s→ 全亮 —1s→ 全灭
—1s→

（2）按下停止按钮 SB₂，三盏灯均熄灭，系统恢复初始状态。

2. 控制任务分析

由控制要求可以看出该任务是一个典型的时间顺序控制问题，中间的时间间隔可以通过定时器来控制。定时器与继电器电路中的时间继电器相似，也有线圈和常开延时触点、常闭延时触点，因此可以按继电器电路的设计方法来设计该 PLC 控制程序。需要注意的是，PLC 中软元件的触点可以无限次地使用，所以在设计 PLC 控制程序时，无须刻意节省元件和触点，应以增强程序的简单性和可读性为主。

2.2.2　相关基础知识

1. 辅助继电器（M）

辅助继电器相当于继电器电路中的中间继电器，经常用于状态暂存、移位运算等，每个辅助继电器都有无数个常开触点、常闭触点可供 PLC 内部编程时使用，但不能直接驱动负载。三菱 FX3U 系列 PLC 的辅助继电器可分为通用辅助继电器、停电保持辅助继电器和特殊辅助继电器 3 种，它们均以十进制编号。

1）通用辅助继电器

通用辅助继电器的元件编号为 M0～M499，共 500 点，编程时每个通用辅助继电器的线圈仍由 OUT 指令驱动，而其触点的状态取决于线圈的通、断。当 PLC 由 RUN→OFF 或电源断开后，通用辅助继电器均自动复位为 OFF 状态。通用辅助继电器的应用举例如图 2-40 所示。

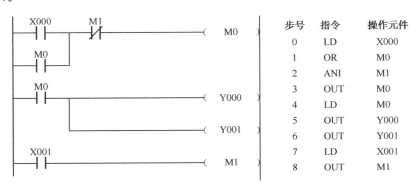

图 2-40　通用辅助继电器的应用举例

在与图 2-40 对应的电路中按下 X0，M0 线圈接通自锁，其常开触点闭合，Y0、Y1 接通；按下 X1 时，M1 线圈接通，其常闭触点断开，M0 线圈断开，Y0、Y1 断开。M0、M1 起到了继电器电路中中间继电器的作用。

2）停电保持辅助继电器

停电保持辅助继电器的元件编号为 M500～M7679，共 7180 点，用于保存停电瞬间的状态，并在来电后继续运行。停电保持辅助继电器的应用举例如图 2-41 所示。

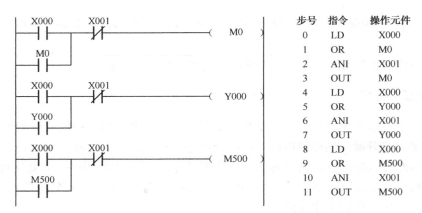

图 2-41　停电保持辅助继电器的应用举例

在与图 2-41 对应的电路中若按下 X0，则 M0、Y0、M500 线圈均接通自锁，此时突然断电，则 M0、Y0、M500 线圈均断开。当重新来电 PLC 投入运行时，M0、Y0 线圈仍处于断开状态，而 M500 线圈恢复断电前的接通状态；若断电前已按下 X1，M500 线圈处于断开状态，则 PLC 重新投入运行时 M500 线圈不接通，仍保持断电前的断开状态。

3）特殊辅助继电器

在 PLC 中，一般都有一些被赋予了特定功能的辅助继电器，称为特殊辅助继电器。三菱 FX3U 系列 PLC 的特殊辅助继电器的编号为 M8000～M8511，共 512 点，分为不可驱动线圈型和可驱动线圈型两大类。

（1）不可驱动线圈型。

对于不可驱动线圈型特殊辅助继电器，用户在编程时只能应用其触点，线圈由 PLC 自动驱动，用户不能编程驱动。例如，M8000 为运行监控（PLC 为 RUN 时接通）；M8002 为初始脉冲（PLC 由 STOP→RUN 时接通一个扫描周期）；M8013 为 1s 时钟脉冲（以 1s 为周期不断地接通和断开）。

特殊辅助继电器的应用举例如图 2-42 所示。

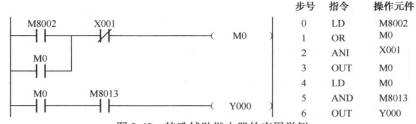

图 2-42　特殊辅助继电器的应用举例

在与图 2-42 对应的电路中，PLC 由 STOP→RUN 时，M8002 接通一个扫描周期，M0 接通自锁，其常开触点闭合，Y0 随 M8013 以 1s 的周期不停闪烁，直到按下停止按钮（X1）。

（2）可驱动线圈型。

对于可驱动线圈型特殊辅助继电器，需要用户编程驱动其线圈，接通后 PLC 完成特定的动作。例如，M8030 的功能为熄灭锂电池欠压指示灯；M8033 的功能为 PLC 停止（STOP）时使输出保持；M8034 的功能为禁止所有输出；M8239 的功能为定时扫描。

特殊辅助继电器还有很多，此处不做详细说明。对于未定义的特殊辅助继电器，用户在程序中不可使用。

2. 定时器（T）

定时器作为时间元件主要用于定时控制，每个定时器也都有线圈和无数个触点可供用户编程使用。编程时其线圈仍由 OUT 指令驱动，但用户必须设置其设定值。三菱 FX3U 系列 PLC 的定时器为增定时器，当其线圈接通时，定时器的当前值由 0 开始递增，直到当前值达到设定值时，定时器触点动作。与继电器电路不同的是，三菱 FX3U 系列 PLC 中无失电延时定时器，若需使用该定时器，可以通过编程实现。定时器以十进制编号，可分为通用定时器和积算定时器两类。

1）通用定时器

通用定时器的编号为 T0～T245、T256～T511，共 502 点。按定时单位的不同，可分为 100ms 定时器、10ms 定时器和 1ms 定时器。

（1）100ms 定时器。

100ms 定时器的编号为 T0～T199，共 200 点，其中 T0～T191 用于主程序中，而 T192～T199 供子程序使用。定时单位为 0.1s，最大设定值为 K32767（十进制数），定时时间为 0.1～3276.7s。

（2）10ms 定时器。

10ms 定时器的编号为 T200～T245，共 46 点，定时单位为 0.01s，最大设定值为 K32767，定时时间为 0.01～327.67s。

（3）1ms 定时器。

1ms 定时器的编号为 T256～T511，共 256 点，定时单位为 0.001s，最大设定值为 K32767，定时时间为 0.001～32.767s。

通用定时器的应用举例如图 2-43 所示。

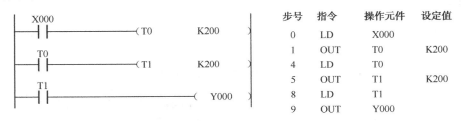

步号	指令	操作元件	设定值
0	LD	X000	
1	OUT	T0	K200
4	LD	T0	
5	OUT	T1	K200
8	LD	T1	
9	OUT	Y000	

图 2-43 通用定时器的应用举例

在与图 2-43 对应的电路中，X0 闭合，T0 线圈接通开始计时，20s 后定时器 T0 动作，其常开触点闭合，T1 开始计时，再过 20s 后 Y0 接通。因此当 X0 闭合 40s 后输出 Y0 才接通，这也是设计长时间定时器的方法之一。一个定时器定时的最长时间为 3276.7s，若定时时间超过 3276.7s，就可以用上述几个定时器定时时间相加的方法来实现。另外，若 T0、T1 动作后，X0 仍处于闭合状态，T0、T1 的常开触点就保持闭合；若 X0 断开或 PLC 断电，则定时器 T0、T1 复位，其常开触点也断开，当前值恢复为 0。图 2-43 中各元件的动作时序图如图 2-44 所示。

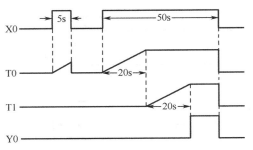

图 2-44 图 2-43 中各元件的动作时序图

由图 2-44 可以看出，当定时器的当前值等于设定值时，即使保持其触发信号闭合，当前值也不再发生变化，而有些公司（如西门子）的 PLC 在这种情况下，定时器的当前值则会继续增加，直至最大值 32767。

2）积算定时器

积算定时器所计时间为其线圈接通的累计时间，若在计时期间线圈断开或 PLC 断电，定时器并不复位，而是保持其当前值不变。当线圈再次接通或 PLC 上电后，定时器继续计时，直到累计时间达到设定值，定时器产生动作。积算定时器按其定时单位的不同可分为 1ms 积算定时器和 100ms 积算定时器。

（1）1ms 积算定时器。

1ms 积算定时器的编号为 T246～T249，共 4 点，定时单位为 0.001s，最大设定值为 K32767，定时时间为 0.001～32.767s。

（2）100ms 积算定时器。

100ms 积算定时器的编号为 T250～T255，共 6 点，定时单位为 0.1s，最大设定值为 K32767，定时时间为 0.1～3276.7s。

积算定时器的应用举例如图 2-45 所示。

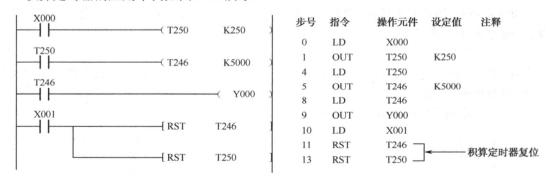

步号	指令	操作元件	设定值	注释
0	LD	X000		
1	OUT	T250	K250	
4	LD	T250		
5	OUT	T246	K5000	
8	LD	T246		
9	OUT	Y000		
10	LD	X001		
11	RST	T246		积算定时器复位
13	RST	T250		

图 2-45　积算定时器的应用举例

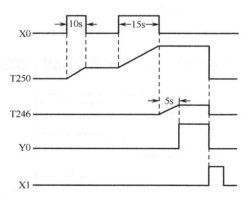

图 2-46　图 2-45 中各元件的动作时序图

积算定时器在其触发信号断开后，其当前值将保持断电前的数值，因此，它是不能自动复位的，需要编程将其复位。由图 2-45 可以看出，积算定时器可以用 RST 指令复位，使其当前值恢复为 0，RST指令的用法将在后面具体介绍。图 2-45 中各元件的动作时序图如图 2-46 所示。

3. 主控（MC、MCR）指令

MC 为主控指令，将母线移至主控触点之后，用于公共串联触点的连接。MCR 为主控复位指令，运行该指令可使母线回到使用主控指令前的位置。

在编程时，当多个线圈受控于同一个或一组触点时，每个线圈都串入相同触点作为控制条件，将会占用更多的存储单元，此时使用主控指令则可使程序得到优化。主控指令的应用举例如图 2-47 所示。

在与图 2-47 对应的电路中，按下 X0，M100 接通，执行主控电路块内的程序。此时按下 X2，Y0 线圈接通自锁，定时器 T0 开始计时，10s 后 T0 动作，Y1 线圈接通；若按下 X1，M100 断开，不执行主控电路块内的程序，此时即使按下 X2，输出 Y0 线圈也不接通，但 PLC 仍扫描这段程序。由于使用主控（MC）指令后，母线移至主控触点之后，所以第 6 步和第 12 步的 X2、T0 常开触点仍用 LD 指令；再使用主控复位（MCR）指令，母线已恢复原位，第 16 步的 X3 常开触点也使用 LD 指令。图 2-47 的等效图如图 2-48 所示。

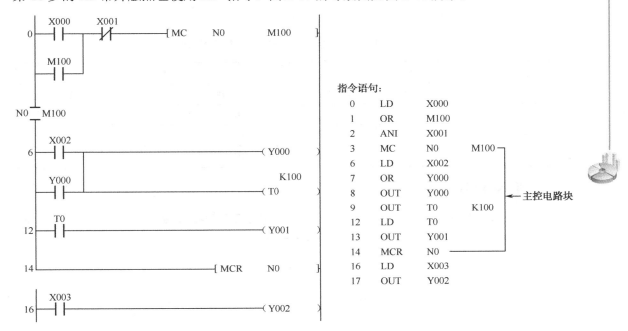

指令语句：

0	LD	X000
1	OR	M100
2	ANI	X001
3	MC	N0　　M100
6	LD	X002
7	OR	Y000
8	OUT	Y000
9	OUT	T0　　K100
12	LD	T0
13	OUT	Y001
14	MCR	N0
16	LD	X003
17	OUT	Y002

←主控电路块

图 2-47　主控指令的应用举例

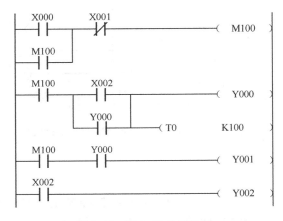

图 2-48　图 2-47 的等效图

说明：

（1）主控指令的操作元件为 Y、M（特殊辅助继电器除外）。

（2）主控指令可嵌套使用，嵌套级的编号为 0～7，最多不能超过 8 级。

（3）主控指令嵌套使用时，嵌套级的编号应从 0 开始顺次递增，返回时从大的嵌套级开始逐级返回。

2.2.3 输入/输出分配

1. 输入/输出分配表

流水灯控制电路的输入/输出分配表参见表 2-4。

表 2-4　流水灯控制电路的输入/输出分配表

输　入			输　出		
元　件	作　用	输入点	元　件	作　用	输出点
SB_1	启动	X0	HL_1	红灯	Y0
SB_2	停止	X1	HL_2	绿灯	Y1
			HL_3	黄灯	Y2

2. 输入/输出接线图

用三菱 FX3U-48MR/ES 型可编程控制器实现流水灯控制的输入/输出接线图如图 2-49 所示。

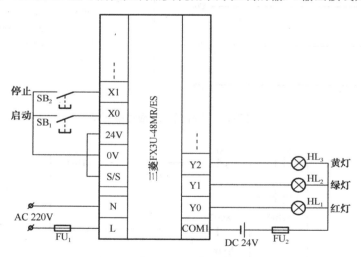

图 2-49　流水灯 PLC 控制的输入/输出接线图

2.2.4 程序设计

根据控制任务要求，分别由启动按钮、停止按钮控制系统的启动和停止，因此可以用主控指令来编制程序。将启动按钮作为主控指令的触发信号，并使其自锁保持，而将流水灯控制程序放在主控电路块之中；当需要停止时，用停止按钮解除主控指令触发信号的自锁，使其断开，从而 PLC 不执行流水灯控制程序，系统停止工作。流水灯控制系统梯形图程序如图 2-50 所示。

图 2-50 中分别用 6 个定时器（T0～T5）进行 6 个时间段的时间控制，为保持 T3 和 T5 的线圈得电，程序中采用了两个通用辅助继电器 M1 和 M2，以保证流水灯电路按控制要求正确运行。

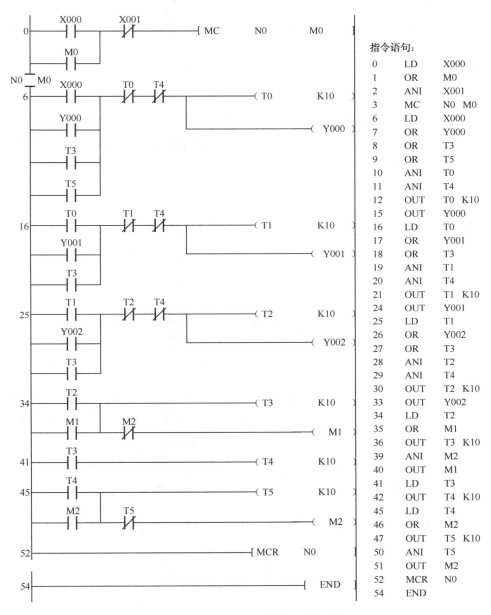

指令语句:

0	LD	X000
1	OR	M0
2	ANI	X001
3	MC	N0　M0
6	LD	X000
7	OR	Y000
8	OR	T3
9	OR	T5
10	ANI	T0
11	ANI	T4
12	OUT	T0　K10
15	OUT	Y000
16	LD	T0
17	OR	Y001
18	OR	T3
19	ANI	T1
20	ANI	T4
21	OUT	T1　K10
24	OUT	Y001
25	LD	T1
26	OR	Y002
27	OR	T3
28	ANI	T2
29	ANI	T4
30	OUT	T2　K10
33	OUT	Y002
34	LD	T2
35	OR	M1
36	OUT	T3　K10
39	ANI	M2
40	OUT	M1
41	LD	T3
42	OUT	T4　K10
45	LD	T4
46	OR	M2
47	OUT	T5　K10
50	ANI	T5
51	OUT	M2
52	MCR	N0
54	END	

图 2-50　流水灯控制系统梯形图程序

2.2.5　系统安装与调试

1. 程序输入

（1）打开 GX　Developer 编程软件，新建工程"流水灯"，进入"写入模式"，按前面学过的方法将程序输入至如图 2-51 所示位置。

（2）单击⫶或按 F8 键，在"梯形图输入"对话框中输入"MC　N0　M0"，如图 2-52 所示。

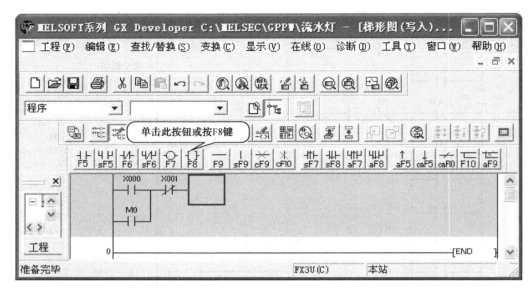

图 2-51　输入"流水灯"程序

图 2-52　输入"MC N0 M0"指令

（3）单击"确定"按钮或按回车键完成主控指令的输入，并将光标放在"M0"常开触点下方，如图 2-53 所示。输入主控指令也可将光标停在所需输入位置，通过键盘直接输入。

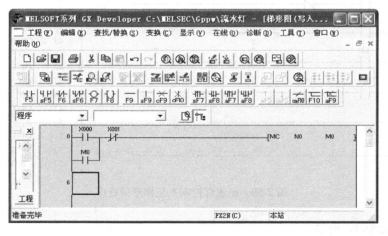

图 2-53　完成主控指令的输入

（4）按前面学过的方法将程序输入至如图 2-54 所示位置。

（5）单击 ⏚ 或按 F7 键，在"梯形图输入"对话框中输入"T0　K10"，如图 2-55 所示。

（6）单击"确认"按钮或按回车键完成定时器 T0 的输入，并将光标放在图 2-56 所示位置，也可通过键盘输入"OUT　T0　K10"，实现定时器线圈的输入。

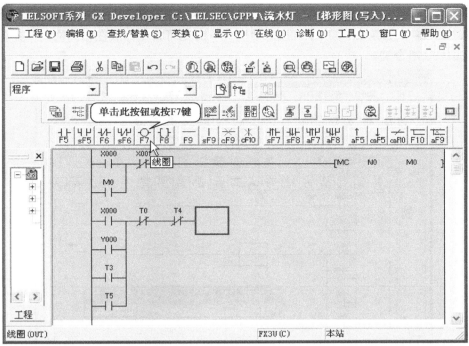

图 2-54　准备输入定时器指令

图 2-55　输入"T0　K10"指令

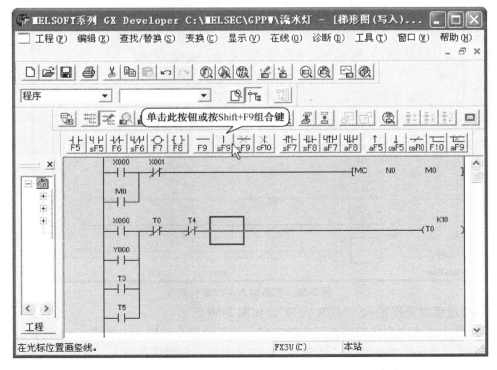

图 2-56　完成定时器线圈的输入

（7）单击 按钮或按 Shift+F9 组合键，在弹出的"竖线输入"对话框中单击"确定"按钮，输入"竖线"，如图 2-57 所示。删除"竖线"时则可将光标放在相同位置，并单击 按钮或按 Ctrl+F9 组合键。

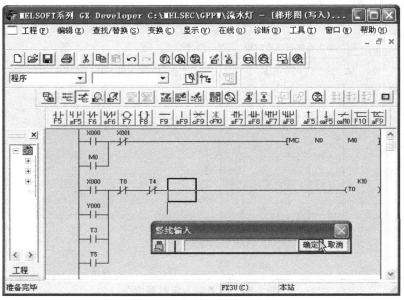

图 2-57　完成"竖线"输入

（8）按前面学过的方法将程序输入至图 2-58 所示位置，辅助继电器 M 的输入方法与输出继电器的输入方法相同。

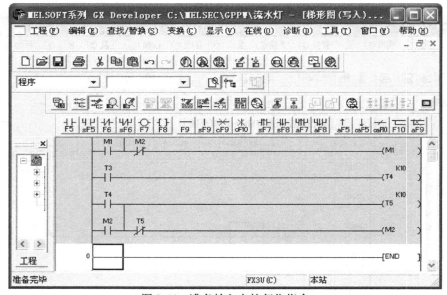

图 2-58　准备输入主控复位指令

（9）通过键盘直接输入"MCR　N0"，如图 2-59 所示。

（10）单击"确定"按钮或按回车键完成主控复位指令的输入，如图 2-60 所示。

（11）单击"程序变换/编译"按钮后，完成流水灯控制程序的输入，单击 按钮进入"读出模式"后，梯形图中就出现了主控触点，如图 2-61 所示。

图 2-59 输入主控复位指令

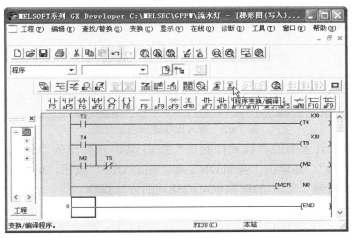

图 2-60 完成主控复位指令的输入

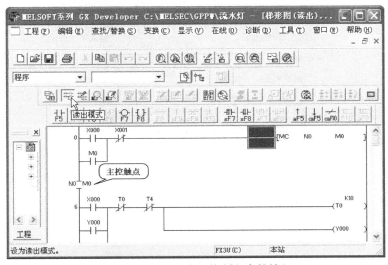

图 2-61 完成流水灯控制程序的输入

2. 程序的逻辑测试

打开 GX Simulation 测试软件后，在 GX Developer 环境下，通过标准工具栏的软元件测试和监视按钮进行程序的逻辑测试。

（1）将 PLC 类型改成 FX2N 型，打开 GX Simulation 测试软件，进入程序逻辑测试状态，如图 2-62 所示。

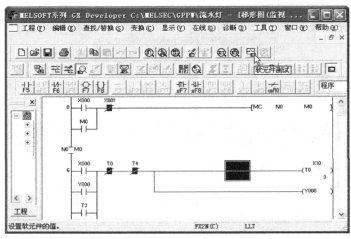

图 2-62　进入程序逻辑测试状态

（2）单击标准工具条中的"软元件测试"按钮 ，在弹出的"软元件测试"对话框中位软元件下输入"X0"，并单击"强制 ON"和"强制 OFF"按钮，模拟启动按钮的动作，如图 2-63 所示。停止按钮"X1"的模拟也可按相同的方法操作。

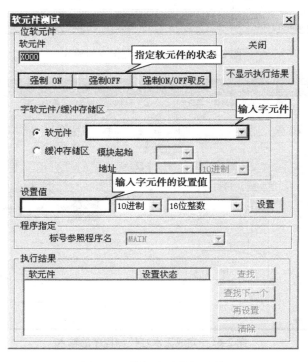

图 2-63　模拟启动按钮动作

（3）单击"关闭"按钮，关闭软元件测试对话框，进入 GX Developer 环境就可以在监控模式下观察程序的执行情况了，如图 2-64 所示。

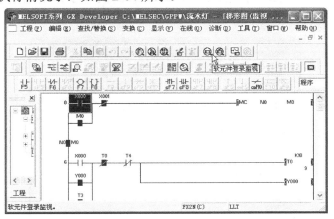

图 2-64　在监控模式下观察程序的执行情况

（4）为观察方便，可单击标准工具条中的"软元件登录监视"按钮 ，进入"软元件登录监视"界面，如图 2-65 所示。

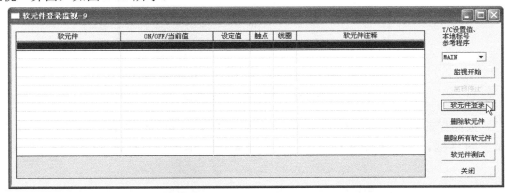

图 2-65　"软元件登录监视"界面

（5）双击阴影部分或单击"软元件登录"按钮，在弹出的"软元件登录"对话框中依次输入"Y0～Y2"、"T0～T2"，并单击"登录"按钮，输入需要监视的位软元件，如图 2-66 所示。

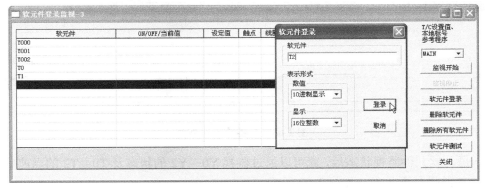

图 2-66　输入需要监视的位软元件

　　（6）单击"取消"按钮，关闭"软元件登录"对话框，双击 T0 处或单击"软元件登录监视"对话框中的"软元件测试"按钮，弹出"软元件测试"对话框，在"设置值"栏输入 T0 的设置值"10"，并单击"设置"按钮，如图 2-67 所示。

图 2-67　输入定时器设置值

　　（7）按同样的方法将 T1 和 T2 的值设置为"10"，并单击"关闭"按钮，退出"软元件测试"对话框。在"软元件登录监视"对话框中，单击"监视开始"按钮，如图 2-68 所示。

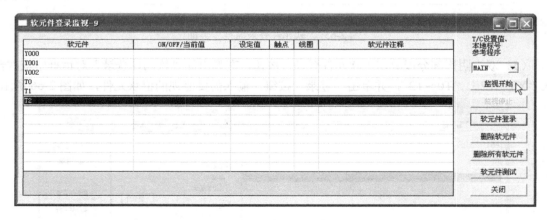

图 2-68　准备软元件监视

　　（8）进入软元件监视状态后，就可以通过监视 Y0～Y2 的状态及 T0～T2 的当前值来判断程序执行的结果是否正确，如图 2-69 所示。

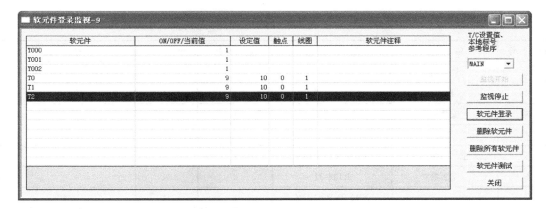

图 2-69　监视程序执行的结果

（9）软元件监视还可以通过批量监视的方法实现。单击标准工具条中的"软元件批量监视"按钮，弹出"软元件批量监视"对话框，在"软元件"文本框中输入所要监视软元件的起始元件"Y0"，单击"监视开始"按钮或直接按回车键，进入软元件批量监视状态，即可观察 Y0～Y2 的动作情况，如图 2-70 所示。

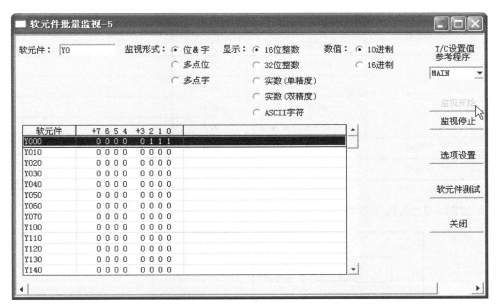

图 2-70　监视程序执行的结果

（10）若要监视 T0～T2，可在"软元件"文本框中输入起始元件"T0"，按同样的方法进行监视。

3. 系统安装

1）准备元件器材

流水灯控制系统所需元件器材参见表 2-5。

表 2-5　元件器材

序　号	名　称	型 号 规 格	数　量	单　位	备　注
1	计算机		1	台	装有 GX Developer 编程软件
2	PLC	FX3U-48MR/ES	1	台	
3	安装板	600mm×900mm	1	块	网孔板
4	导轨	C45	0.3	米	
5	空气断路器	Multi9 C65N D20	1	只	
6	熔断器	RT28-32	4	只	
7	指示灯	XB2-BVB3C 24V	1	只	绿色
8		XB2-BVB4C 24V	1	只	红色
9		XB2-BVB5C 24V	1	只	黄色
10	控制变压器	JBK3-100　380/220	1	只	
11	直流开关电源	DC24V、50W	1	只	
12	按钮	LA4-3H	1	只	
13	端子	D-20	20	只	
14	铜塑线	BV1/1.13mm^2	15	米	
15		BVR7/0.75mm^2	10	米	
16	紧固件	M4*20 螺杆	若干	只	
17		M4*12 螺杆	若干	只	
18		ϕ4 平垫圈	若干	只	
19		ϕ4 弹簧垫圈及 ϕ4 螺母	若干	只	
20	号码管		若干	米	
21	号码笔		1	支	

2）安装接线

（1）按图 2-71 布置元器件。

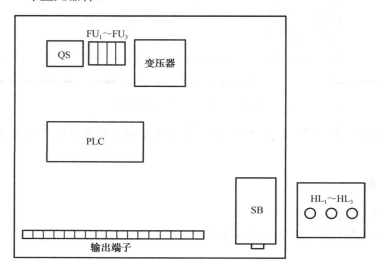

图 2-71　元器件布局

（2）按图 2-72 安装接线。

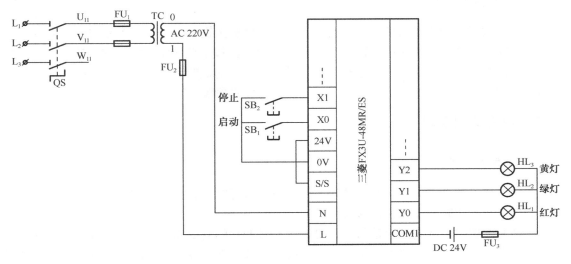

图 2-72　完整的系统接线图

3）写入程序并监控

将程序写入 PLC，并启动程序监控。

4. 系统调试

（1）在教师现场监护下进行通电调试，验证系统控制功能是否符合要求。

（2）如果出现故障，学生应根据出现的故障现象独立检修相关电路或修改梯形图。

（3）系统检修完毕应重新通电调试，直至系统正常工作。

 拓展与延伸

若将 3 盏灯扩展为 8 盏灯，应该如何编制 PLC 程序实现流水灯控制？

2.3　电动机的单按钮启停控制系统

在传统控制系统中通常需要使用一个启动按钮、一个停止按钮分别控制电动机的启动和停止，在 PLC 控制系统中这就要占用两个输入点，而在 PLC 系统设计时，设法减少使用的输入/输出点数就可以降低控制系统的成本，提高经济效益。下面介绍用 PLC 实现单按钮控制电动机启动和停止的方法。

2.3.1　控制任务分析

1. 控制要求

（1）按下按钮 SB_1 奇数次时，交流接触器 KM 得电，电动机 M_1 启动运转。

（2）按下按钮 SB_1 偶数次时，交流接触器 KM 失电，电动机 M_1 停止运转。

（3）具有短路保护和过载保护。

2. 控制要求分析

利用单按钮控制电动机的启停，类似于开关型轻触按键，但它要求系统内部必须具有自锁功能。在第一次按下该按钮时置 ON 并保持，第二次按下该按钮时翻转并保持，以后每按下按钮一次都会进行一次翻转。在整个工作过程中，电动机的启停频率是按钮按下的频率的一半，因此要实现控制要求，实际上只需将按钮信号的频率进行二分频。

2.3.2　相关基础知识

1. 时序图及其画法

在分析电路的功能时，经常需要对各个物理量进行时域分析。人们把输入状态、电路状态和输出状态等随时间变化的波形图称为时序图。

在画时序图时，应先画出输入点、时钟等信号变化的波形图，然后找出各相关元件状态变化的分界点，并根据电路的逻辑功能，准确确定各元件在各分界点时刻的状态，最后画出各元件相应的波形。

若将按钮接于 X0，控制电动机的接触器接于 Y0，根据控制要求可画出本控制任务的时序图，如图 2-73 所示。

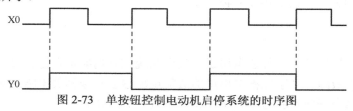

图 2-73　单按钮控制电动机启停系统的时序图

2. 微分脉冲指令（PLS、PLF）

PLS 为上升沿微分输出指令，在触发信号的上升沿到来时使操作元件产生一个扫描周期的脉冲输出。

PLF 为下降沿微分输出指令，在触发信号的下降沿到来时使操作元件产生一个扫描周期的脉冲输出。

微分脉冲指令可以将脉宽较宽的触发信号变成脉宽等于 PLC 一个扫描周期的触发脉冲信号。微分脉冲指令的应用举例如图 2-74 所示。

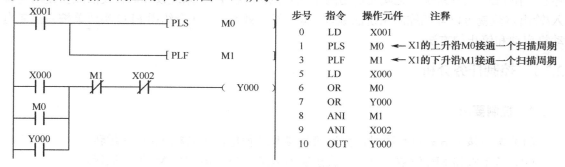

图 2-74　微分脉冲指令的应用举例

在与图 2-74 对应的电路中，当按下 X0 时，Y0 接通并自锁，按下 X2，Y0 断开；当按下 X1 时，在 X1 上升沿 M0 接通一个扫描周期，Y0 接通；在 X1 下降沿 M1 接通一个扫描周期，断开 Y0。由此可见，图 2-74 所示梯形图实现了 Y0 的点动和连续运行两个功能，其中 X0 为连续运行启动按钮，X1 为点动控制按钮。

 说明：

（1）PLS/PLF 指令的操作元件为 Y，M。

（2）使用 PLS 指令时，操作元件仅在触发信号上升沿到来时的一个扫描周期内接通；使用 PLF 指令时，操作元件仅在触发信号下降沿到来时的一个扫描周期内接通。

（3）特殊辅助继电器不能作为 PLS 和 PLF 指令的操作元件。

3. 触点微分指令（LDP、ANDP、ORP、LDF、ANDF、ORF）

对于三菱 FX1S、FX1N、FX2N 和 FX3U 等系列的 PLC，除微分脉冲指令外还有专门的触点微分指令，使用时更加方便。

LDP、ANDP、ORP 为上升沿触点微分指令，仅在定位元件的上升沿到来时接通一个扫描周期。

LDF、ANDF、ORF 为下降沿触点微分指令，仅在定位元件的下降沿到来时接通一个扫描周期。

运用触点微分指令也可实现图 2-74 所示程序的功能，其应用举例如图 2-75 所示。

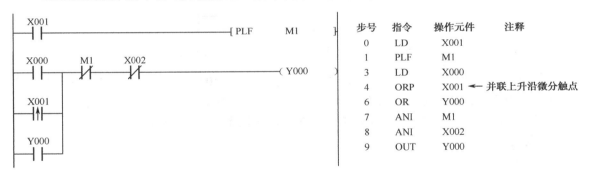

图 2-75 触点微分指令的应用举例

图 2-75 中上升沿微分触点指令 ORP 代替了图 2-74 中的上升沿微分指令 PLS。同样，当与 X1 相连的按钮按住不放时，X1 的上升沿脉冲触点也只接通一个扫描周期。微分触点无常闭触点，因而图 2-75 中仍保留了 PLF 指令和 M1 的常闭触点。

 说明：

（1）触点微分指令的定位元件为 X，Y，M，T，C，S，D□.b。

（2）上升沿微分触点以 ⊣↑⊢ 和 ⊣↑⊢ 表示，其指令为在通常触点指令后加 "P"；下降沿微分触点以 ⊣↓⊢ 和 ⊣↓⊢ 表示，其指令为在通常触点指令后加 "F"。

（3）定位元件为 D□.b（数据寄存器 D□ 的 b 号位）时，上升沿触点微分指令在该位由 0 跳变为 1 时，使其微分触点接通一个扫描周期；下降沿触点微分指令在该位由 1 跳变为 0 时，使其微分触点接通一个扫描周期。

（4）特殊辅助继电器不能作为触点微分指令的操作元件。

4. 置位/复位指令（SET/RST）

SET 为置位指令，在触发信号接通时，使操作元件接通并保持（置1）。

RST 为复位指令，在触发信号接通时，使操作元件断开复位（置0）。

置位和复位指令的应用举例及程序对应的时序图如图 2-76 所示。

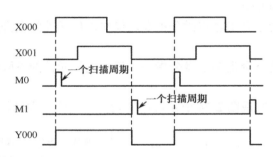

图 2-76　置位和复位指令的应用举例及程序对应的时序图

在与图 2-76 对应的电路中，当 X0 的上升沿到来时，M0 接通一个扫描周期，将 Y0 置位并保持；当 X1 下降沿到来时，M1 接通一个扫描周期，将 Y0 复位，这样就省去了 Y0 的自锁电路。因此，置位和复位指令应用得当有时能简化程序，并使程序清晰明了。

 说明：

（1）SET 指令的操作元件为 Y，M 和 S；RST 指令的操作元件为 Y，M，S，T，C（计数器），D（数据寄存器），V、Z（变址寄存器）。

（2）对于同一操作元件，SET、RST 指令可多次使用，使用次数不限，但操作元件的状态取决于地址最大处的置位/复位指令。

（3）RST 指令可以用于将定时器、计数器、数据寄存器及变址寄存器的内容清零。

（4）为保证程序可靠运行，SET、RST 指令的驱动通常采用短脉冲信号。

2.3.3　输入/输出分配

1. 输入/输出分配表

三相交流异步电动机单按钮启停控制电路的输入/输出分配表参见表 2-6。

表 2-6　三相交流异步电动机单按钮启停控制电路的输入/输出分配表

输　入			输　出		
元　件	作　用	输 入 点	元　件	作　用	输 出 点
SB	启/停控制按钮	X0	KM	电动机运转控制	Y0
KH	过载保护	X1			

2. 输入/输出接线图

用三菱 FX3U-48MR/ES 型可编程控制器实现三相交流异步电动机单按钮启停控制 PLC 输入/输出接线图如图 2-77 所示。

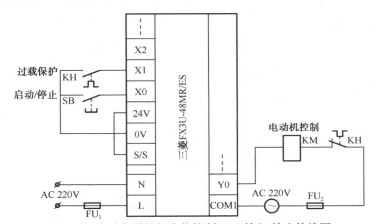

图 2-77　电动机单按钮启停控制 PLC 输入/输出接线图

图 2-77 所示电路中输出回路采用了硬件过载保护，以使系统更加安全可靠。

2.3.4　程序设计

根据控制要求可应用微分脉冲输出指令区分启、停信号，即输入 X0 的上升沿和下降沿，并配合辅助继电器 M 编写控制程序，如图 2-78 所示。

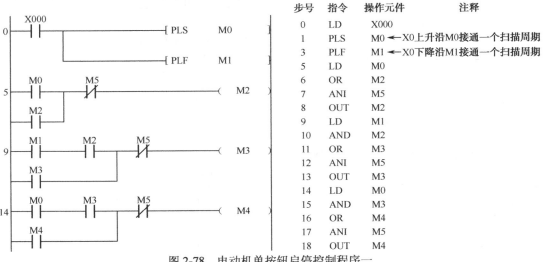

步号	指令	操作元件	注释
0	LD	X000	
1	PLS	M0	←X0上升沿M0接通一个扫描周期
3	PLF	M1	←X0下降沿M1接通一个扫描周期
5	LD	M0	
6	OR	M2	
7	ANI	M5	
8	OUT	M2	
9	LD	M1	
10	AND	M2	
11	OR	M3	
12	ANI	M5	
13	OUT	M3	
14	LD	M0	
15	AND	M3	
16	OR	M4	
17	ANI	M5	
18	OUT	M4	

图 2-78　电动机单按钮启停控制程序一

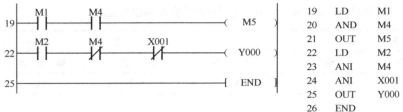

19	LD	M1
20	AND	M4
21	OUT	M5
22	LD	M2
23	ANI	M4
24	ANI	X001
25	OUT	Y000
26	END	

图 2-78 电动机单按钮启停控制程序一（续）

在与图 2-78 对应的电路中，当 X0 的上升沿到来时，M0 接通一个扫描周期，使 M2 接通并自锁，M2 的常开触点闭合。一方面使 Y0 接通，电动机运转；另一方面为 X0 下降沿到来时 M3 接通做好准备。当 X0 的下降沿到来时，M1 接通一个扫描周期，使 M3 接通并自锁，M3 的常开触点闭合，为 X0 的上升沿再次到来时 M4 接通做好准备。

当 X0 的上升沿再次到来时，M4 接通并自锁，其常开触点接通，为 M5 接通做好准备，其常闭触点断开使 Y0 断电，电动机停止运转。当 X0 的下降沿再次到来时，M5 接通一个扫描周期，使 M2、M3 和 M4 均断电，系统结束一个循环并复位，等待下一个循环的开始。

图 2-78 所示程序的时序图如图 2-79 所示。

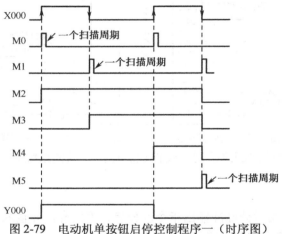

图 2-79 电动机单按钮启停控制程序一（时序图）

事实上，微分脉冲输出指令和置位/复位指令相配合，可以使电动机单按钮启停控制程序大大简化，如图 2-80 所示。

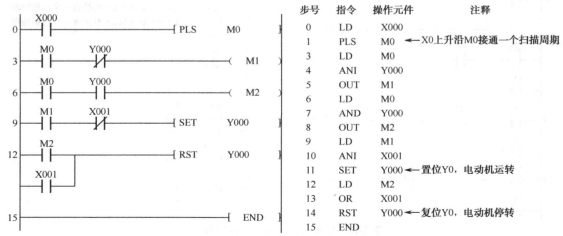

图 2-80 电动机单按钮启停控制程序二

在与图 2-80 对应的电路中，当 X0 上升沿到来时，通过 M1、M2 分别将 Y0 置位和复位，由此控制电动机运转和停止，整个程序简单明了。

更为简单的电动机单按钮启停控制程序如图 2-81 所示，仅用触点微分指令和普通指令配合即可实现控制，但较难理解，请读者通过程序调试细细体会。

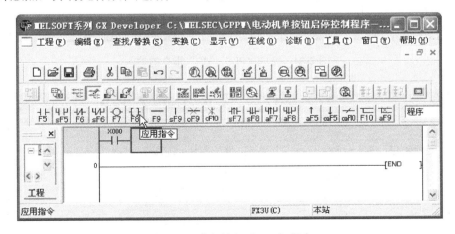

指令语句:
```
0    LDP    X000
2    OUT    M0
3    LD     M0
4    ANI    Y000
5    LDI    M0
6    AND    Y000
7    ORB
8    OUT    Y000
9    END
```

图 2-81　电动机单按钮启停控制程序三

2.3.5　系统安装与调试

1．输入电动机单按钮控制程序

1）电动机单按钮控制程序一的输入

（1）打开 GX Developer 编程软件，新建工程"电动机单按钮启停控制程序一"，输入 X0 的常开触点，并将光标放在起始位置，如图 2-82 所示。

图 2-82　准备输入"PLS"指令

（2）单击"应用指令"按钮，在"梯形图输入"对话框中直接输入"PLS　M0"指令，如图 2-83 所示。

（3）单击"确认"按钮或按回车键，完成上升沿微分脉冲的输入，如图 2-84 所示。

（4）按前面学过的方法将程序输入"竖线"，如图 2-85 所示。

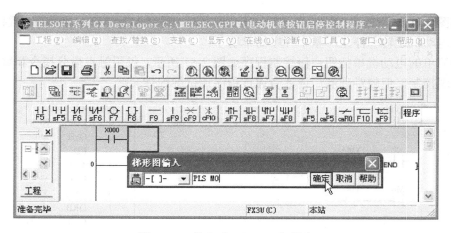

图 2-83　输入"PLS　M0"指令

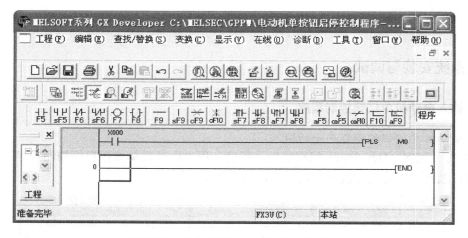

图 2-84　完成"PLS　M0"指令的输入

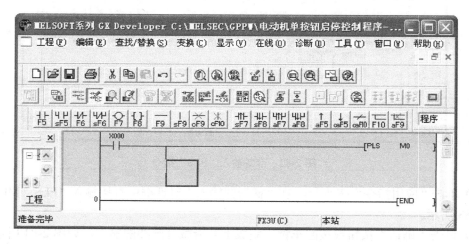

图 2-85　准备输入"PLF"指令

（5）直接输入"PLF　M1"，如图 2-86 所示。

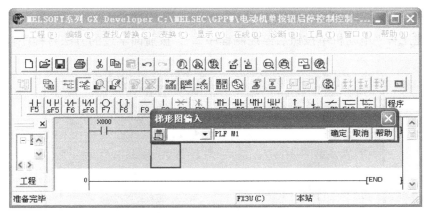

图 2-86 输入 "PLF" 指令

（6）单击 "确定" 按钮或按回车键，完成 "PLF" 指令的输入，如图 2-87 所示。

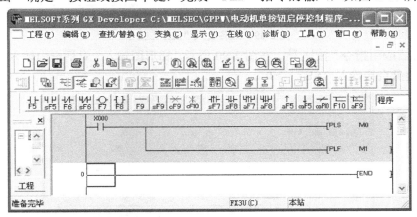

图 2-87 完成 "PLF" 指令的输入

（7）按照前面学过的方法将图 2-78 所示电动机单按钮启停控制程序一输入系统并编译，如图 2-88 所示。

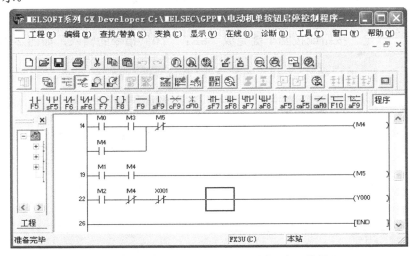

图 2-88 完成电动机单按钮启停控制程序一的输入

2）电动机单按钮控制程序二的输入

（1）新建工程"电动机单按钮启停控制程序二"，按前面学过的方法将程序输入至图 2-89 所示位置。

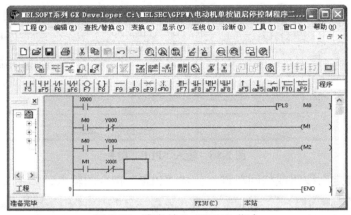

图 2-89 准备输入"SET"指令

（2）单击"应用指令"按钮，在图 2-90 所示"梯形图输入"对话框中输入"SET　Y0"，也可以通过键盘直接输入"SET　Y0"。

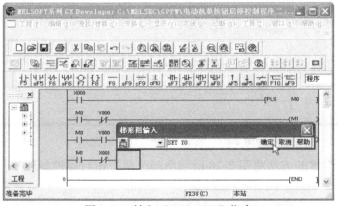

图 2-90 输入"SET　Y0"指令

（3）单击"确定"按钮或按回车键完成"SET　Y0"指令的输入，如图 2-91 所示。

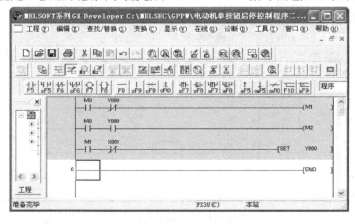

图 2-91 完成"SET　Y0"指令的输入

（4）按照同样的方法输入"RST　Y0"指令将 2-80 所示的电动机单按钮启停控制程序二输入完毕并编译，如图 2-92 所示。

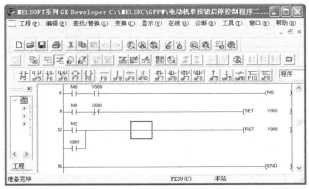

图 2-92　完成电动机单按钮控制程序二的输入

2. 程序逻辑测试

打开 GX Simulation 测试软件，将 PLC 改成 FX2N 型，分别对电动机单按钮启停控制程序一、二进行逻辑测试。

3. 系统安装

1）准备元件器材

电动机单按钮启停控制系统所需元件器材参见表 2-7。

表 2-7　元件器材

序　号	名　称	型 号 规 格	数　量	单　位	备　注
1	计算机		1	台	装有 GX Developer 编程软件
2	PLC	FX3U-48MR/ES	1	台	
3	安装板	600mm×900mm	1	块	网孔板
4	导轨	DIN	0.3	米	
5	空气断路器	Multi9 C65N D20	1	只	
6	熔断器	RT28-32	7	只	
7	接触器	NC3—09/220V	1	只	
8	热继电器	NR4—63（1-1.6A）	1	只	
9	三相异步电动机	JW6324-380V 250W 0.85A	1	只	
10	控制变压器	JBK3-100　380V/220V	1	只	
11	按钮	LA4-3H	1	只	
12	端子	D-20	20	只	
13	铜塑线	BV1/1.37mm^2	10	米	主电路
14		BV1/1.13mm^2	15	米	控制电路
15		BVR7/0.75mm^2	10	米	
16	紧固件	M4*20 螺杆	若干	只	
17		M4*12 螺杆	若干	只	
18		ϕ4 平垫圈	若干	只	
19		ϕ4 弹簧垫圈及 ϕ4 螺母	若干	只	

续表

序　号	名　称	型号规格	数　量	单　位	备　注
20	号码管		若干	米	
21	号码笔		1	支	

2）安装接线

（1）按图 2-93 布置元器件。

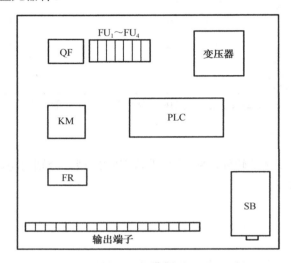

图 2-93　元器件布局

（2）按图 2-94 安装接线。

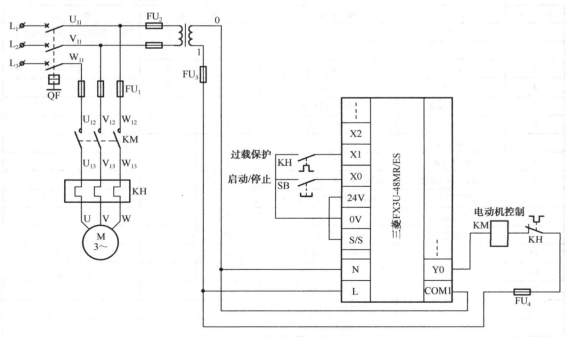

图 2-94　完整的系统图

3）写入程序并监控

将程序分别写入 PLC，并启动程序监控。

4. 系统调试

（1）在教师现场监护下进行通电调试，验证系统控制功能是否符合要求。

（2）如果出现故障，学生根据出现的故障现象独立检修相关电路或修改梯形图。

（3）系统检修完毕应重新通电调试，直至系统正常工作。

 拓展与延伸

用微分脉冲输出指令和置位/复位指令实现图 2-95 所示分频输出控制。

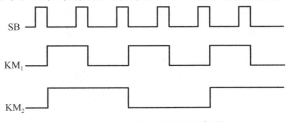

图 2-95 分频输出控制时序图

2.4 小车自动往返控制系统

在实际的小车运料控制系统中，有时对小车的自动往返控制有着特殊的要求。例如，小车在同一地点装料后，可以按顺序向几个不同地点送料。本节通过小车按顺序向两个不同地点自动往返送料的控制任务，介绍 PLC 中另一个重要的软元件——计数器的用法。

2.4.1 控制任务分析

1. 控制要求

如图 2-96 所示一运料小车为 A、B 两处运料，工作要求如下：

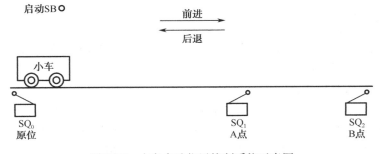

图 2-96 小车自动往返控制系统示意图

（1）小车必须在原位才能启动，此时按下启动按钮 SB，小车第一次前进，碰到限位开关 SQ_1 后停于 A 点；延时 5s 卸料后小车自动返回，碰到限位开关 SQ_0 后停于原位装料。

（2）装料 5s 后小车第二次前进，此次碰到限位开关 SQ_1 时不停，直到碰到限位开关 SQ_2

时小车才停于 B 点；延时 5s 卸料后自动后退，碰到限位开关 SQ$_0$ 后小车停于原位，完成一个工作循环。

（3）小车完成三个工作循环后自动停于原位，等待下一个工作周期的开始。

2. 控制要求分析

根据控制要求，小车在装料和卸料时应延时一段时间，这在传统的继电器控制系统中，可以通过时间继电器方便地实现。但在一个工作循环中，要求小车第一次到达 A 点时停车卸料，而第二次经过 A 点时则不停，这一点用传统的继电器电路实现起来有一定的难度，而用 PLC 实现起来则比较简单，因为在 PLC 中有足够数量的各种类型的计数器可供编程使用，用好计数器便可方便地解决诸如此类的问题。

实现本控制任务的过程中，可以利用计数器的常开或常闭触点作为部分电路开启或关断的约束条件，实现对小车的控制。在设计程序时，可用计数器对 SQ$_1$ 压合的次数进行计数，并用其常开触点将与 SQ$_1$ 相连的输入点（X）屏蔽，使小车第二次到达 A 点时继续前进，小车碰到 SQ$_1$ 后的运动方向取决于计数器的计数值；而大循环的次数同样可以由计数器控制，当大循环的次数达到预定次数时，用其常闭触点控制小车前进回路，使小车回到原位后不再继续前进，停于原位。

2.4.2 相关基础知识

计数器在程序设计时主要用于计数控制。程序执行时计数器对输入端脉冲信号的上升沿进行计数，当计数值达到其设定值时，计数器发生动作，即常开触点闭合、常闭触点断开。事实上，计数器的工作过程和定时器基本相似，只不过定时器输入端输入的信号是 PLC 内部产生的固定脉冲信号。

三菱 FX3U 可编程控制器中的计数器可分为内部信号计数器和外部信号计数器两类。内部计数器是对内部元件（如 X、Y、M、S、T 和 C）的信号进行计数的计数器，由于其输入信号的频率低于 PLC 的扫描频率，因而是低速计数器，也称普通计数器，主要有 16 位增计数器和 32 位增/减计数器（也称双向计数器）两类。外部信号计数器用于对频率高于 PLC 扫描频率的外部信号（一般通过指定的输入端 X 输入）进行计数，由于其计数频率较高，故又称高速计数器，本书暂不讨论。

1. 16 位增计数器

16 位增计数器可分为通用型 16 位增计数器和断电保持型 16 位增计数器两类，以十进制编号，其编号为 C0～C199，共 200 点。

1）通用型 16 位增计数器

通用型 16 位增计数器在工作时，其当前值由 0 开始增加，当当前值等于设定值时，计数器动作；而当 PLC 断电或从"RUN"到"OFF"时，其当前值复位为 0。通用型 16 位增计数器的编号为 C0～C99，共 100 点，其设定值范围为 1～32767。

2）断电保持型 16 位增计数器

断电保持型 16 位增计数器的工作方式与通用型计数器基本相同，只是当 PLC 断电或从"RUN"到"OFF"时，其当前值保持不变，要使其复位必须采用 RST 指令。断电保持型 16 位增计数器的编号为 C100～C199，共 100 点，设定值范围同样为 1～32767。

通用型 16 位增计数器的应用举例如图 2-97 所示。

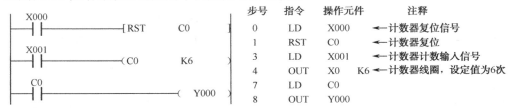

步号	指令	操作元件	注释
0	LD	X000	← 计数器复位信号
1	RST	C0	← 计数器复位
3	LD	X001	← 计数器计数输入信号
4	OUT	X0 K6	← 计数器线圈，设定值为6次
7	LD	C0	
8	OUT	Y000	

图 2-97 通用型 16 位增计数器的应用举例

在与图 2-97 对应的电路中，计数器的初始值为 0，X1 为计数脉冲输入端，每当 X1 上升沿到来时，计数器的当前值加 1。当计数器的当前值等于设定值十进制数"6"时，计数器 C0 的常开触点接通，Y0 接通，之后当 X1 的上升沿再次到来时，计数器 C0 的当前值始终保持不变，Y0 保持接通状态，直到计数器复位信号 X0 上升沿到来，计数器 C0 才复位，当前值复位为 0，其触点恢复常态。图 2-97 中各元件动作时序图如图 2-98 所示。

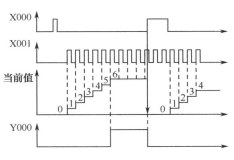

图 2-98 图 2-97 中各元件动作时序图

2. 32 位双向计数器

32 位双向计数器既可以增计数，还可以减计数。它同样可分为通用型和断电保持型两类，以十进制编号，其编号为 C200～C234，共 35 点。

1）通用型 32 位双向计数器

通用型 32 位双向计数器以十进制编号，其编号为 C200～C219，共 20 点，设定值范围为 −2147483648～+2147483647。

通用型 32 位双向计数器的工作过程与通用型 16 位增计数器相同，但它可以进行减计数，因此其设定值可以为负数。通用型 32 位双向计数器的计数方向由特殊辅助继电器 M8200～M8219 设定，对于 C***，当其对应的特殊辅助继电器 M8*** 接通（置 1）时，为减计数器；当 M8*** 断开（置 0）时，为增计数器。例如，计数器 C210 中，当 M8210 接通时，C210 为减计数器，当 M8210 断开时，C210 为增计数器。

2）断电保持型 32 位双向计数器

断电保持型 32 位双向计数器和断电保持型 16 位增计数器一样具有断电保持功能，其编号为 C220～C234，共 15 点，设定值范围为 −2147483648～+2147483647。其计数方向取决于 M8220～M8234 的逻辑状态。

32 位双向计数器的应用举例如图 2-99 所示。

在与图 2-99 对应的电路中，按下复位按钮 X1 后，计数器当前值复位为 0。X0 用于选择计数方向，当 X0 接通时，M8200 处于接通状态，计数器 C200 为减计数器，每当一个 X2 的上升沿到来时，计数器当前值减 1；当 X0 断开时，M8200 处于断开状态，计数器 C200 为增计数器，每当一个 X2 的上升沿到来时，计数器当前值加 1；当 C200 为增计数器，其当前值增加至设定值（由 −6 增加为 −5）时，计数器线圈有输出，Y0 也接通，若计数器仍有输入信号，则其当前值继续增加，触点保持接通状态；当 C200 的当前值减少至设定值后再往下减少 1（由 −5 减少为-6）时，计数器 C200 断开，Y0 线圈失电。图 2-99 所示程序的时序图如图 2-100 所示。

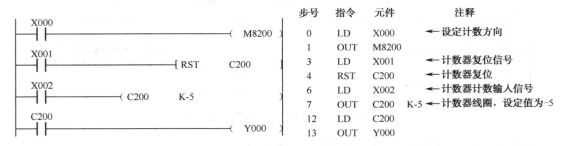

步号	指令	元件	注释
0	LD	X000	← 设定计数方向
1	OUT	M8200	
3	LD	X001	← 计数器复位信号
4	RST	C200	← 计数器复位
6	LD	X002	← 计数器计数输入信号
7	OUT	C200　K-5	← 计数器线圈，设定值为-5
12	LD	C200	
13	OUT	Y000	

图 2-99　32 位双向计数器的应用举例

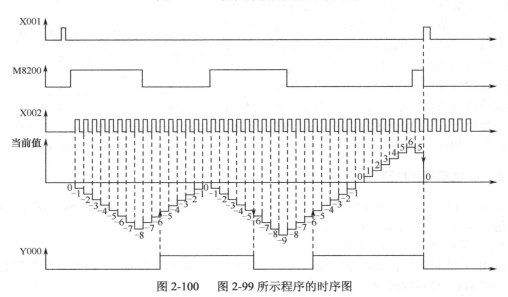

图 2-100　图 2-99 所示程序的时序图

3. 计数器实现定时器功能

将特殊辅助继电器中的时钟脉冲和计数器结合可构成相应的定时器。图 2-101 所示程序为一用时钟脉冲和计数器结合构成的定时器例子。PLC 上电时，初始化脉冲继电器 M8002 将 C0 复位，当 X0 为 ON 时，计数器 C0 开始对秒时钟脉冲 M8013 计数，当 C0 当前值为设定值 "5" 时，C0 为 ON，其动合触点 C0 闭合，输出继电器 Y0 接通。在 X0 闭合 5s（$T=5×1s$）后计数器 C0 接通，实现了定时器的功能，采用不同的时钟脉冲继电器或改变计数器的设定值可改变定时时间。按下 X1，计数器复位，输出继电器 Y0 断开。

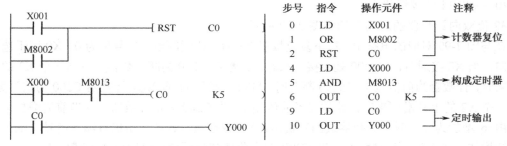

步号	指令	操作元件	注释
0	LD	X001	计数器复位
1	OR	M8002	
2	RST	C0	
4	LD	X000	构成定时器
5	AND	M8013	
6	OUT	C0　K5	
9	LD	C0	定时输出
10	OUT	Y000	

图 2-101　用时钟脉冲和计数器结合构成的定时器

4. 长时间定时器

在 FX3U 系列 PLC 中，由于定时器的最大设定值为 K32767，因此一个定时器最大的定时时间为 3276.7s，若定时时间超过该数值，则可用多个定时器实现，如图 2-102 所示。

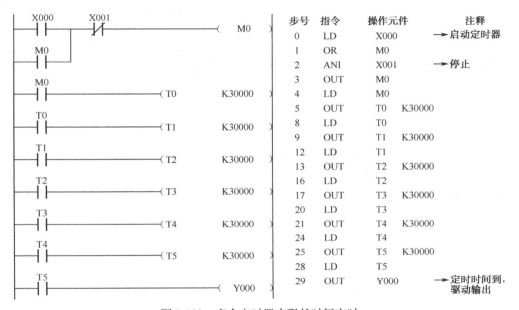

图 2-102　多个定时器实现长时间定时

图 2-102 中，长时间定时器的定时时间为 $T=3000\times6s=5h$，由 6 个定时器组成，程序看起来比较烦琐。事实上，长时间定时器也可以结合计数器实现长时间定时，且能使程序更为简洁明了，如图 2-103 所示。

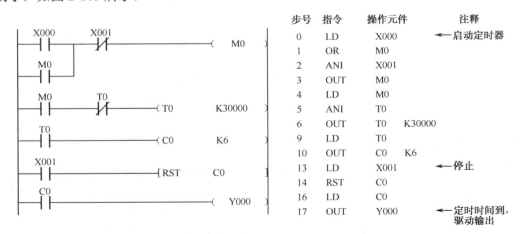

图 2-103　结合计数器实现长时间定时

图 2-103 中，计数器 C0 的输入脉冲由 T0 构成的振荡电路提供，定时时间同样为 $T=3000\times6s=5h$，但程序步数却大大减少了。

2.4.3　输入/输出分配

1）输入/输出分配表

小车自动往返控制电路的输入/输出分配表参见表 2-8。

表 2-8　小车自动往返控制电路的输入/输出分配表

输　入			输　出		
元 件 代 号	作　用	输入继电器	元 件 代 号	作　用	输出继电器
SQ_0	原位位置开关	X0	KM_1	小车前进	Y0
SQ_1	A 点位置开关	X1	KM_2	小车后退	Y1
SQ_2	B 点位置开关	X2			
SB	启动	X3			

2）输入/输出接线图

用三菱 FX3U-48MR/ES 型可编程控制器实现小车自动往返控制的输入/输出接线图如图 2-104 所示。

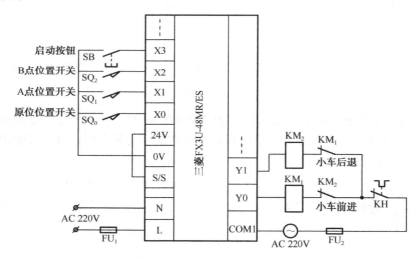

图 2-104　小车自动往返 PLC 控制输入/输出接线图

2.4.4　程序设计

根据控制要求，小车必须在原位时才能启动，因此初始时小车启动可由启动按钮（X3）和原位位置开关（X0）串联（相"与"）触发；小车前进至 A 点定时器 T0 延时 5s 卸料，计数一次使 C0 接通，并用 C0 的常开触点将小车在 A 点的停止条件屏蔽，使小车第二次前进至 A 点时不停，继续前进；T0 延时时间到，小车后退至原位装料，定时器 T1 计时，5s 后小车再次前进，直至 B 点停止，仍由定时器 T0 延时卸料，同时计数器 C0 复位，计数器 C1 计工作循环次数一次。当 C1 计数三次后，小车后退至原位，等待下一个工作循环的开始。小车自动往返的梯形图程序如图 2-105 所示。

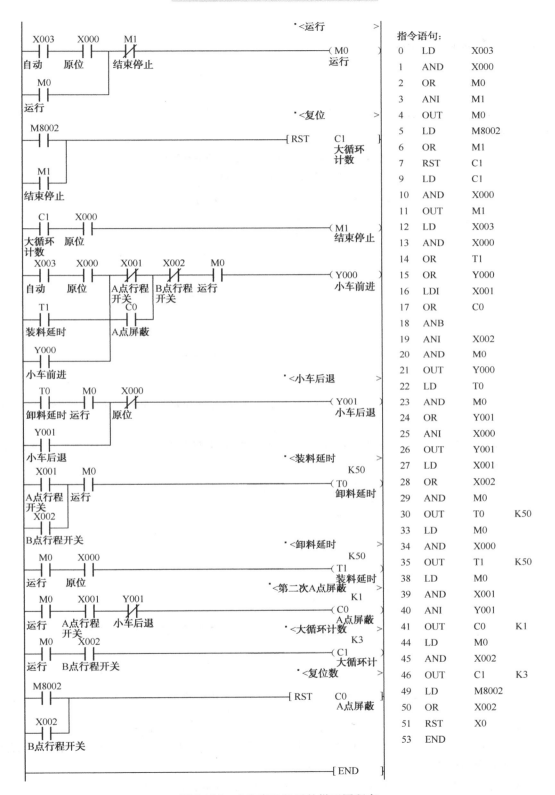

指令语句:

0	LD	X003	
1	AND	X000	
2	OR	M0	
3	ANI	M1	
4	OUT	M0	
5	LD	M8002	
6	OR	M1	
7	RST	C1	
9	LD	C1	
10	AND	X000	
11	OUT	M1	
12	LD	X003	
13	AND	X000	
14	OR	T1	
15	OR	Y000	
16	LDI	X001	
17	OR	C0	
18	ANB		
19	ANI	X002	
20	AND	M0	
21	OUT	Y000	
22	LD	T0	
23	AND	M0	
24	OR	Y001	
25	ANI	X000	
26	OUT	Y001	
27	LD	X001	
28	OR	X002	
29	AND	M0	
30	OUT	T0	K50
33	LD	M0	
34	AND	X000	
35	OUT	T1	K50
38	LD	M0	
39	AND	X001	
40	ANI	Y001	
41	OUT	C0	K1
44	LD	M0	
45	AND	X002	
46	OUT	C1	K3
49	LD	M8002	
50	OR	X002	
51	RST	X0	
53	END		

图 2-105　小车自动往返的梯形图程序

2.4.5　系统安装与调试

1. 程序输入

（1）打开 GX Developer 编程软件，新建"小车自动往返"文件，将程序输入至图 2-106 所示位置。

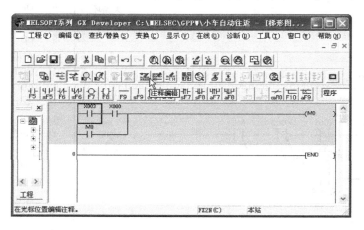

图 2-106　开始输入程序

（2）选择菜单命令"显示"→"注释显示"或单击"注释编辑"按钮 ，如图 2-107 所示。

（3）双击需添加注释的元件，弹出"注释输入"对话框，为元件 X3 输入注释"启动"，如图 2-108 所示。

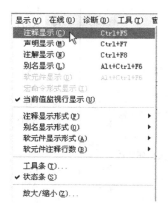

图 2-107　准备注释元件　　　　图 2-108　为元件 X3 输入注释

（4）单击"确定"按钮，程序中显示 X3 的注释"启动"，如图 2-109 所示。

（5）按同样方法可为线圈 M0 输入注释"运行"，M0 下方即出现了注释"运行"，且其所有的触点也会随即显示该注释，如图 2-110 所示。

（6）将图 2-105 所示梯形图程序输入至图 2-111 所示位置，并输入元件、线圈注释。

（7）单击"线圈"按钮或直接输入"OUT　C0　K1"，如图 2-112 所示。

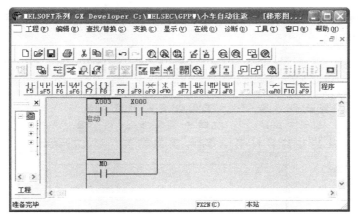

图 2-109　显示元件注释

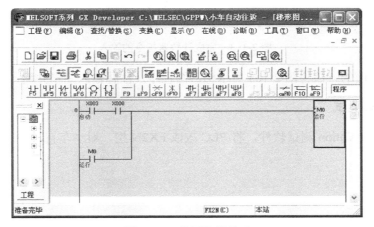

图 2-110　线圈注释显示

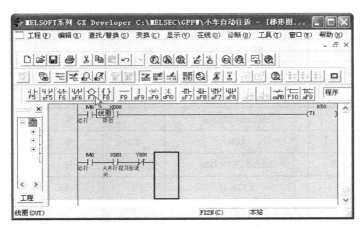

图 2-111　准备输入计数器指令

图 2-112　输入计数器指令

（8）单击"确定"按钮，完成计数器 C0 的输入，并为 C0 输入线圈注释"第二次 A 点屏蔽"，如图 2-113 所示。

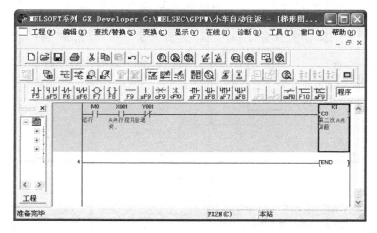

图 2-113　完成计数器指令的输入

（9）按照前面的方法将图 2-105 所示梯形图程序及注释输入完毕并编译。

2. 程序逻辑测试

打开 GX Simulation 测试软件，将 PLC 改成 FX2N 型，对小车自动往返控制系统进行逻辑测试。

3. 系统安装

1）准备元件器材

小车自动往返控制系统所需元件器材参见表 2-9。

表 2-9　元件器材

序　号	名　　称	型 号 规 格	数　　量	单　位	备　　注
1	计算机		1	台	装有 GX Developer 编程软件
2	PLC	FX3U-48MR/ES	1	台	
3	安装板	600mm×900mm	1	块	网孔板
4	导轨	DIN	0.3	米	
5	空气断路器	Multi9 C65N D20	1	只	
6	熔断器	RT28-32	7	只	
7	接触器	NC3—09/220V	2	只	
8	热继电器	NR4—63（1-1.6A）	1	只	
9	三相异步电动机	JW6324-380V 250W 0.85A	1	只	
10	控制变压器	JBK3-100　380V/220V	1	只	
11	按钮	LA4-3H	1	只	

续表

序　号	名　　称	型号规格	数　量	单　位	备　注
12	行程开关	YBLX-19/001	3	只	
13	端子	D-20	20	只	
14	铜塑线	BV1/1.37mm²	10	米	主电路
15		BV1/1.13mm²	15	米	控制电路
16		BVR7/0.75mm²	10	米	
17	紧固件	M4*20 螺杆	若干	只	
18		M 4*12 螺杆	若干	只	
19		ϕ4 平垫圈	若干	只	
20		ϕ4 弹簧垫圈及 ϕ4 螺母	若干	只	
21	号码管		若干	米	
22	号码笔		1	支	

2）安装接线

（1）按图 2-114 布置元器件。

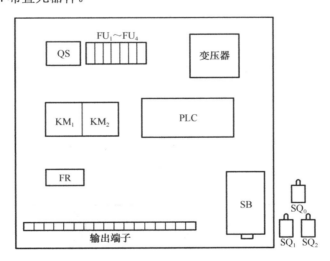

图 2-114　元器件布局

（2）按图 2-115 安装接线。

3）写入程序并监控

将程序写入 PLC，并启动程序监控。

4．系统调试

（1）在教师现场监护下进行通电调试，验证系统控制功能是否符合要求。

（2）如果出现故障，学生根据出现的故障现象独立检修相关电路或修改梯形图。

（3）系统检修完毕应重新通电调试，直至系统正常工作。

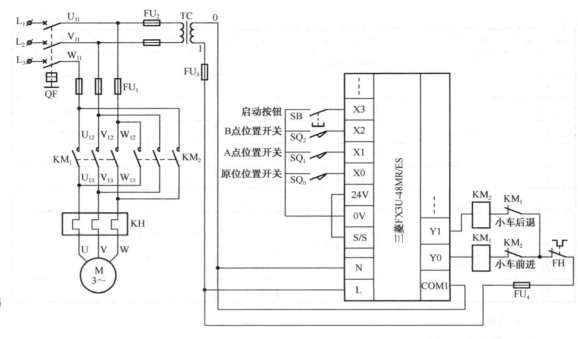

图 2-115　完整的系统图

拓展与延伸

试将本节控制任务扩展为小车在三点自动往返运料，如图 2-116 所示，并增设预停和急停按钮，试用 PLC 设计该系统控制程序。

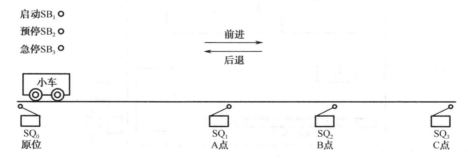

图 2-116　小车三点自动往返运料示意图

本章从继电器电路入手，通过和继电器电路的对比，以任务驱动的形式介绍了三菱 FX3U 系列 PLC 的基本逻辑指令及其使用方法。要求在熟悉 PLC 控制系统设计步骤的基础上，熟练运用基本逻辑指令进行程序设计，掌握梯形图和指令语句两种编程方法，并能够在梯形图和指令语句之间熟练地进行互译。

三菱 FX3U 系列 PLC 的基本逻辑指令主要有逻辑取、触点串联和并联、电路块串联和并联、栈操作、微分脉冲输出/触点微分、置位/复位、定时器和计数器等指令，其中通用定时器和继电器电路中的时间继电器相似，其用法较易掌握，但需注意 PLC 中无失电延时定时器，若需使用该定时器可通过编程的方式实现。

栈操作、微分脉冲输出、置位/复位、断电保持定时器和计数器等指令无法和继电器电路相对应，因此一定要掌握其使用方法，并能在实际编程中灵活应用。特别是计数器的运用要熟练掌握。

另外，通过本章的学习还要求能在 GX Developer 编程软件中熟练地输入和编辑本章涉及的指令，能通过 GX Simulation 测试软件对程序进行逻辑测试，并能掌握程序在编程软件和 PLC 之间的相互传送、程序监控、PLC 控制系统安装和调试的方法等。

 本章习题与思考题

1．简述输入继电器、输出继电器的作用，并说明输入继电器和输出继电器的状态分别由什么条件决定。

2．定时器和计数器各有哪些要素？通用定时器和通用计数器的复位有什么不同？

3．用计数器能否实现定时器的功能？试举例说明。

4．画出与下列指令语句对应的梯形图。

0	LD	X001	6	OUT	T50	K250	16	PLS	M101	
1	OR	M100	9	OUT	Y001		18	LD	M101	
2	ANI	X002	10	LD	T50		19	RST	C0	
3	OUT	M100	11	OUT	T51	K30	21	LD	X005	
4	OUT	Y000	14	OUT	Y002		22	OUT	C0	K10
5	LD	X003	15	LD	X004		25	OUT	Y003	

5．画出与下列指令语句对应的梯形图。

0	LD	X000	4	ORI	X004	8	OR	C0	12	AND	X003	
1	ANI	T0	5	AND	X002	9	ANB		13	OUT	M1	
2	LD	M0	6	ORB		10	OR	Y002	14	AND	X005	
3	AND	X001	7	LDI	Y000	11	OUT	Y001	15	OUT	T0	K80

6．画出与下列指令语句对应的梯形图。

0	LD	X000		9	AND	X005	18	LD	X011	27	OUT	Y004
1	AND	X001		10	LD	X006	19	OUT	Y002	28	END	
2	OR	X002		11	AND	X007	20	AND	X012			
3	MC	N0	M0	12	ORB		21	OUT	Y003			
6	LD	X003		13	MC	N1	M1	22	MCR	N1		
7	OUT	Y000		16	LD	X010	24	MCR	N0			
8	LD	X004		17	OUT	Y001	26	LD	X013			

7．写出图 2-117 所示梯形图的指令语句。

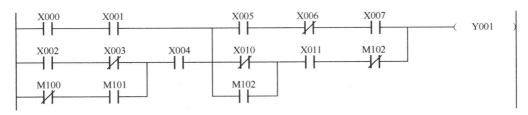

图 2-117　题 7 图

8．写出图 2-118 所示梯形图的指令语句。

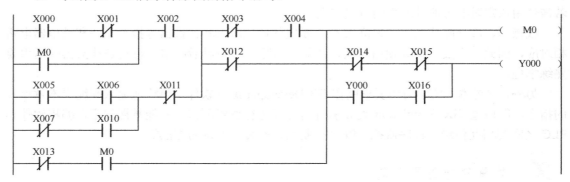

图 2-118　题 8 图

9．写出图 2-119 所示梯形图的指令语句。

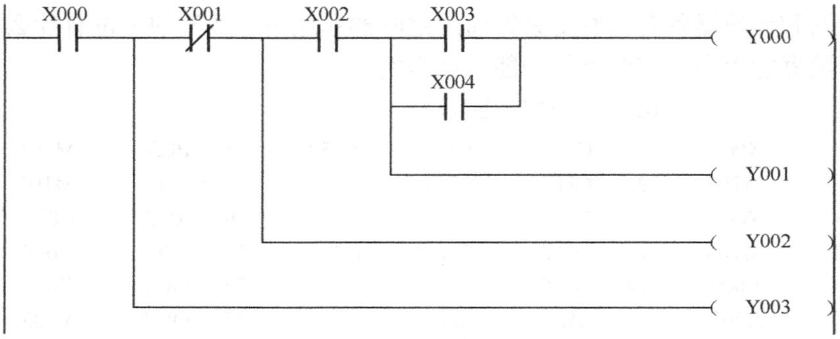

图 2-119　题 9 图

10．将图 2-120 所示梯形图改画成用主控指令编程的梯形图，并写出改画后梯形图对应的指令语句。

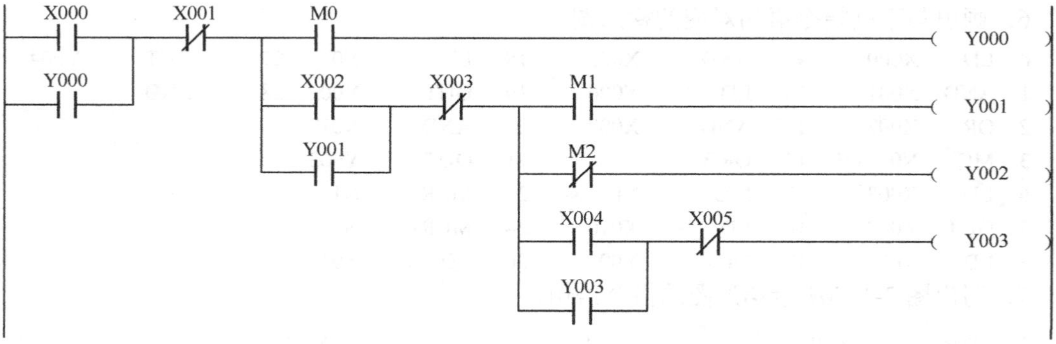

图 2-120　题 10 图

11．画出图 2-121 所示梯形图中各软元件的时序图，并写出指令语句。

12．画出图 2-122 所示梯形图中各软元件的时序图，并写出指令语句。

13．锅炉鼓风机和引风机有关控制信号的时序图如图 2-123 所示，启动时要求鼓风机比引风机晚 12s 启动，停机时要求引风机比鼓风机晚 12s 停止。试画出其输入/输出接线图，编写其梯形图控制程序。

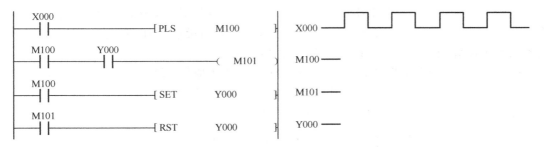

图 2-121　题 11 图

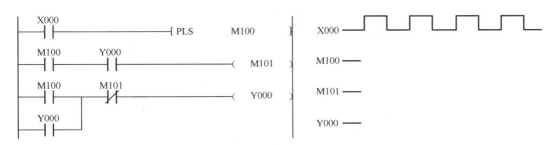

图 2-122　题 12 图

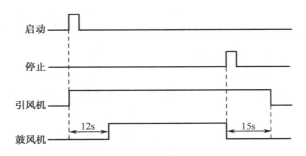

图 2-123　题 13 图

14．有三台电动机 M_1、M_2 和 M_3，启动时要求正序启动，即 M_1 启动后 M_2 才能启动，M_2 启动后 M_3 才能启动；停止时要求逆序停止，即 M_3 停止后 M_2 才能停止，M_2 停止后 M_1 才能停止。试画出其输入/输出接线图，编写其梯形图控制程序。

15．用计数器实现图 2-124 所示时序图的定时器功能。

16．编程实现图 2-125 所示时序图的功能。

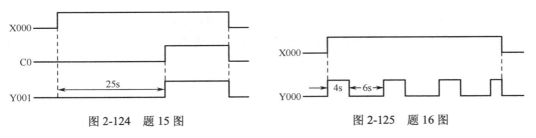

图 2-124　题 15 图　　　　　　　　图 2-125　题 16 图

17. 有两个按钮 SB_1 和 SB_2，其中 SB_1 为启动按钮，按下 SB_1 后 5s 内若按 SB_2 一次，则 5s 时间到后指示灯 HL 闪烁 1 次（闪烁频率为 1Hz）；若按 SB_2 两次，则 5s 时间到后指示灯 HL 闪烁两次；若按 SB_2 三次或三次以上，则 5s 时间到后指示灯 HL 闪烁 3 次。试画出该控制系统的输入/输出接线图，并设计其梯形图控制程序。

18. 有一运料小车如图 2-126 所示，起始时小车停于原位（SQ_0 压合），按下启动按钮 SB 后，小车按①→②→③→①→……的顺序连续运行，循环三次后自动停于原位。试画出该控制系统输入/输出接线图，并设计其梯形图控制程序。

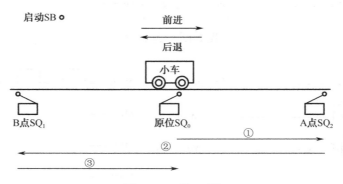

图 2-126 题 18 图

19. 四盏灯 HL_1～HL_4 由按钮 SB 控制，第一次按 SB，灯 HL_1 亮；再按一次 SB，HL_1 灭，HL_2 亮；再按一次 SB，HL_2 灭，HL_3 亮；再按一次 SB，HL_3 灭，HL_4 亮；再按一次 SB，HL_4 灭，HL_1 亮……如此循环。试画出该控制系统输入/输出接线图，并设计其梯形图控制程序。

20. 有一密码锁控制系统有 6 个按钮 SB_1～SB_6，其控制要求如下：

（1）SB_5 为启动按钮，按 SB_5 开始进行开锁作业，同时开始计时。

（2）SB_1～SB_4 为密码输入按钮。开锁条件：按顺序依次按压 SB_1 三次，SB_2 一次，SB_3 两次，SB_4 四次，10s 开锁时间一到，密码锁自动开启。

（3）若按压顺序、次数不对或开锁时间超过 10s，则开锁时间一到，报警装置即报警。

（4）SB_6 为停止按钮，按下 SB_6 停止开锁作业，系统复位。

试画出该控制系统的输入/输出接线图，并设计其梯形图控制程序。

21. 八盏灯 HL_1～HL_8 由按钮控制，按下启动按钮 SB_1 后，八盏灯按以下顺序循环：

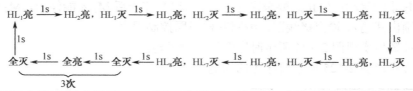

若循环期间未按下停止按钮 SB_2，则系统循环三次后自动停止运行，若按下停止按钮 SB_2，则系统立即停止运行。试画出该控制系统的输入/输出接线图，并设计其梯形图控制程序。

第3章

可编程控制器步进指令的应用

本章学习目标

本章以控制实例的形式介绍了三菱 FX3U 系列可编程控制器的步进指令及应用。要求掌握三菱 FX3U 系列可编程控制器中状态元件的编号及特点；熟记步进指令和方便指令 IST 的指令格式、使用方法；掌握单流程、选择性分支和并行分支三种顺序控制的状态转移图的绘制方法；能够熟练进行多流程步进顺序控制程序（SFC）的设计，掌握步进顺序控制程序的编程技巧，独立进行系统安装和调试。

前面介绍了定时器控制的时间顺序控制系统，另外，在 PLC 中还为顺序控制提供了专用的 SFC 程序形式。用 SFC 程序实现顺序控制具有简单、直观的特点，使顺序控制的实现更加方便，因而可以大大缩短程序设计时间。SFC 顺序控制程序一般分单流程、选择性分支和并行分支三种，下面通过全自动洗衣机控制系统来学习单流程 SFC 顺序控制程序的编程方法。

3.1 全自动洗衣机控制系统

目前全自动洗衣机已是十分普及的家用电器之一，洗衣机控制系统主要通过机械开关或微机板来控制洗衣机按预定动作进行洗涤，其控制要求属于步进顺序控制，完全可以通过 PLC 来实现，尽管这样做并不经济，但通过控制任务的实现，可以学习 SFC 顺序控制程序的设计方法。本节用 SFC 程序来模拟实现全自动洗衣机的控制功能。

3.1.1 控制任务分析

1. 控制要求

（1）按下启动按钮后，进水电磁阀打开，开始进水，达到高水位时停止进水，进入洗涤状态。

（2）洗涤时内桶正转洗涤 15s 暂停 3s，再反转洗涤 15s 暂停 3s，又正转洗涤 15s 暂停 3s……如此循环 30 次。

（3）洗涤结束后，排水电磁阀打开，进入排水状态。当水位下降到低水位时，进入脱水状态（同时排水），脱水时间为 10s。这样完成从进水到脱水的一个大循环。

（4）经过 3 次上述大循环后，洗衣机自动报警，报警 10s 后自动停机，结束全过程。

2．控制任务分析

洗衣机的进水和出水由进水电磁阀和出水电磁阀控制。进水时，洗衣机将水注入外桶；排水时，将水从外桶排出机外。外桶（固定，用于盛水）和内桶（可旋转，用于脱水）是以同一中心安装的。

洗涤和脱水由同一台电动机拖动，通过脱水电磁离合器来控制，将动力传递到洗涤波轮或内桶。脱水电磁离合器失电，电动机拖动洗涤波轮实现正、反转，开始洗涤；脱水电磁离合器得电，电动机拖动内桶单向旋转，进行脱水（此时波轮不转）。

分析整个控制要求，该控制任务可用基本逻辑指令来实现，但使用步进指令更为简单。根据控制要求可画出全自动洗衣机顺序控制流程图，如图 3-1 所示。

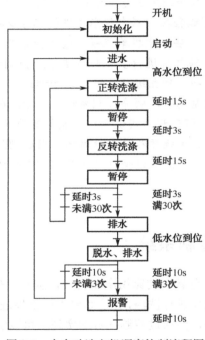

图 3-1　全自动洗衣机顺序控制流程图

3.1.2　相关基础知识

1．状态元件

状态元件（S）是设计步进顺序控制程序时必不可少的软元件，每一个状态元件代表顺序控制程序中的一个步序，用来完成顺序控制中的一个工步。三菱 FX3U 系列 PLC 的状态元件按用途主要可分为初始状态、回原点状态、通用状态、断电保持状态和外部故障诊断五类，参见表 3-1。

表 3-1　状态元件分类

序　　号	分　　类	编　　号	说　　明
1	初始状态	S0～S9	步进程序开始时使用
2	回原点状态	S10～S19	系统返回原始位置时使用

续表

序　号	分　类	编　号	说　　明
3	通用状态	S20～S499	实现顺序控制的各个工步时使用
4	断电保持状态	S500～S4095	具有断电保持功能
5	外部故障诊断	S900～S999	故障诊断报警时使用

SFC 顺序控制程序相当于生产流水线，每条流水线都分为若干个工位，每个工位完成产品的一个加工步骤，到流水线的结束工位，单位产品生产成型。而在步进顺序控制程序中，同样按照控制要求把系统的控制过程划为若干个顺序相连的阶段，这些阶段称为状态或步，每个状态都执行若干个控制动作，并在状态元件 S 中完成，因此状态元件 S 相当于生产流水线中的工位，PLC 执行完步进控制程序中的所有状态，也就实现了控制要求。

状态元件（S）具有自动复位的特点，即当程序执行到某一状态时，该状态元件的程序执行；若程序转移到下一个状态，则前一个状态自动复位，该状态的程序不再执行。

另外，状态元件在不用于 SFC 程序时，也可以作为通用辅助继电器（M）使用，其功能和通用辅助继电器相同，如图 3-2 所示。

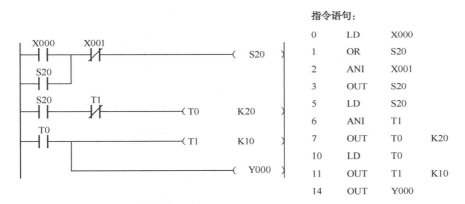

图 3-2　状态元件作为通用辅助继电器使用

图 3-2 所示梯形图对应的电路为一振荡电路，按下 X0 后，Y0 以接通 1s 断开 2s 的方式不停振荡，按下 X1 后停止；其中状态元件 S20 起接通和断开电路的作用，相当于通用辅助继电器。

2．步进程序的设计

FX3U 系列 PLC 步进程序的设计方法主要有 SFC 程序（Sequential Function Chart，顺序功能图）和步进梯形图两种，两者均可在 GX Developer 中直接编程。由于 SFC 程序和步进梯形图指令都是按既定规则编程的，所以相互之间可以转换，步进梯形图又可进行列表显示（指令语句表）。

1）SFC 程序

SFC 是将整个系统的控制过程分成若干个工作状态（S），确定各个工作状态的控制功能、转移条件和转移方向，再按控制系统要求的顺序连成一个整体，以实现对系统的正确控制。采用这种编程方式能使复杂的控制任务分解为若干个工序，使程序设计变得简单，各工序的作用和整个控制流程也便于理解。因此，SFC 是步进顺序控制程序设计的主要方法。

SFC 按其结构特点分类，主要有单流程、选择性分支和并行分支 3 种。单流程状态 SFC 的一般形式如图 3-3 所示。

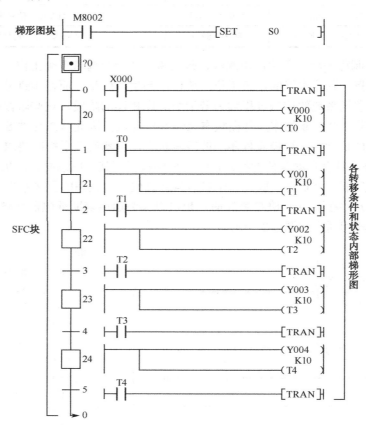

图 3-3　单流程状态 SFC 的一般形式

SFC 程序主要由梯形图块、SFC 块，以及各转移条件和状态内部梯形图 3 部分组成，其中梯形图块主要编写进入 SFC 块初始状态的条件和复位 SFC 块中的相关"S"等软元件；SFC 块用于表示控制流程，而块中每个状态和转移条件需分开编写相应的梯形图，转移条件用 "TRAN" 表示。图 3-3 中的梯形图块通过 M8002 使程序在 PLC 上电时进入 SFC 的初始状态 S0 等待启动；左侧是 SFC 块，表示各状态和转移条件，每个状态和转移条件应分开编写相应的梯形图程序，为便于理解，图 3-3 中将所有要编写的梯形图程序都列在对应的状态和转移条件的右边。

由图 3-3 可以看出，在 S0 状态出现了"？"和"·"符号，其中"？"表示在状态中无梯形图程序，即没有执行任何动作，而"·"表示有其他状态跳转到该状态。S0 的转移条件为 X0 常开，即按下 X0 后，SFC 块从状态 S0 跳转到 S20，此时 Y0 接通，定时器 T0 开始计时，同时状态 S0 自动复位；延时 1s 后，T0 常开接通，状态跳转到 S21，Y1 接通，定时器 T1 开始计时，同时状态 S20 自动复位，Y0、T0 断开；如此一个个状态依次往下执行，直到状态 S24，当 T4 延时时间达到时跳转到状态 S0，等待下一次启动。由此可以看出，该步进程序实现了 Y0～Y4 的流水单循环控制，要实现自动循环可在最后从状态 S24 直接跳转（用 ↳ 符号表示）到状态 S20。若 SFC 块不进行跳转，直接结束，则可将最后一个状态自动复位（用 ▽符号表示）。

在 SFC 块中，初始状态用双线框表示（一般为 0～9），其他状态用单线框表示，状态转移条件以短横线表示（由 0 开始依次编号）。图 3-3 中，状态转移条件均为常开触点，也可采用常闭触点，还可以是多个触点的逻辑组合。

2）步进（STL、RET）指令

STL 为步进节点指令，用于步进节点驱动，并将母线移至步进节点之后。

RET 为步进返回指令，用于步进程序结束返回，并将母线恢复原位。

三菱 FX3U 系列 PLC 的步进指令只有上述两条，但步进程序中连续状态的转移需用 SET指令来完成，因此 SET 指令在步进程序中也是必不可少的。步进指令的应用举例如图 3-4所示。

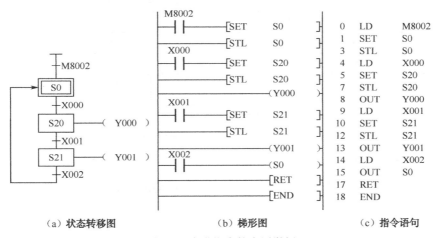

（a）状态转移图　　　　　　　（b）梯形图　　　　　　　（c）指令语句

图 3-4　步进指令的应用举例

在与图 3-4 对应的电路中，当上电时，步进程序由初始化脉冲 M8002 用 SET 指令转入状态 S0，母线转移到步进节点 S0（STL S0）之后，因此其后的触点在写指令语句时应直接用LD、LDI 指令；当转移条件 X0 为 ON 时，步进程序转入状态 S20……以此类推；当程序执行至状态 S21 时，图中使用 OUT 指令实现了向状态 S0 的跳转，即用 OUT 指令代替 SET 指令也可实现不连续状态之间的跳转。在步进程序结束时，步进节点 S21 后加上步进返回指令RET，以使母线返回。

 说明：

（1）步进程序编程时必须使用步进节点 STL 指令，程序最后必须使用步进返回 RET 指令。

（2）步进节点之后必须先进行线圈驱动，再进行状态转移，顺序不能颠倒。

（3）三菱 FX3U 系列 PLC 在步进程序中支持双线圈输出，即在不同状态可以驱动同一编号软元件的线圈，但在相邻的状态不能使用相同编号的定时器线圈。

（4）用步进指令设计系统时，一般以系统的初始条件作为初始状态的转移条件，若系统无初始条件，可用初始化脉冲 M8002 驱动转移。

（5）在状态中不能使用 MPS、MRD 和 MPP 指令，在状态转移条件中也不能使用 ANB、ORB 指令。

（6）在采用梯形图和指令语句方式编程的过程中，步进程序结束时应编写 RET 指令；而采用 SFC 块编程方式编程时，GX Developer 编程软件会自动生成 RET 指令，无须编程人员另行写入。

3.1.3　输入/输出分配

1．输入/输出分配表

全自动洗衣机 PLC 控制系统的输入/输出分配表参见表 3-2。

表 3-2　全自动洗衣机 PLC 控制系统的输入/输出分配表

输 入			输 出		
元件代号	作用	输入继电器	输出继电器	元件代号	作用
SB	启动按钮	X0	Y0	KA$_1$	进水电磁阀控制
SQ$_1$	高水位开关	X1	Y1	KM$_1$	电动机正转控制
SQ$_2$	低水位开关	X2	Y2	KM$_2$	电动机反转控制
			Y3	KA$_2$	排水电磁阀控制
			Y4	KA$_3$	脱水电磁离合器控制
			Y5	KA$_4$	报警蜂鸣器控制

2．输入/输出接线图

用三菱 FX3U-48MR/ES 型可编程控制器实现全自动洗衣机控制系统的输入/输出接线如图 3-5 所示。

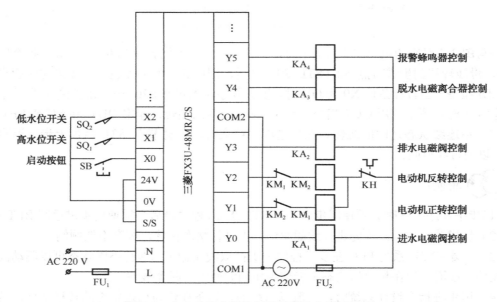

图 3-5　全自动洗衣机控制系统的输入/输出接线

图 3-5 所示电路中的电磁阀、电磁离合器和报警蜂鸣器均由中间继电器驱动。

3.1.4　程序设计

设计步进程序时一般应根据系统控制要求先画出状态转移图，再按照状态转移图写出梯形图程序和指令语句。

1．绘制状态转移图

状态转移图反映了整个系统的控制流程，初学者可按系统的控制流程画出如图 3-1 所示的系统流程图，然后再进行输入/输出分配，并根据系统流程图画出状态转移图。

根据图 3-1 所示的流程图和图 3-5 所示的输入/输出接线图可画出全自动洗衣机控制系统的状态转移图，如图 3-6 所示。

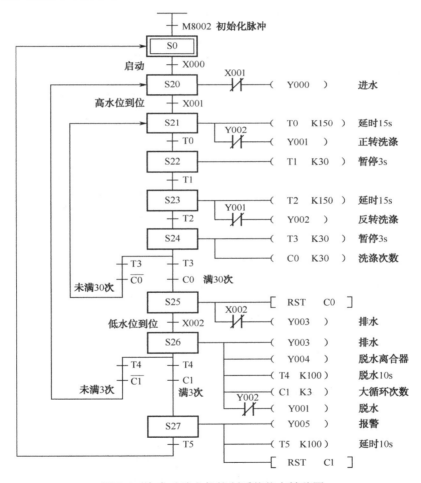

图 3-6　全自动洗衣机控制系统状态转移图

在与图 3-6 对应的电路中，洗衣机开机时以初始化脉冲 M8002 为状态转移条件转入初始状态 S0，等待启动；启动后（X0 接通）转入状态 S20 开始进水，当水位达到高水位（X1 接通）时，步进程序进行正、反洗循环，并用计数器 C0 进行计数，当洗涤循环次数满 30 次时，进入排水步进状态 S25，排水到低水位（X2 接通）时系统开始排水和脱水，并对大循环进行计数，大循环次数未满三次继续循环，满三次进入状态 S27 报警，报警 10s 后整个洗衣过程结束，等待下一洗衣过程开始。

2．编写控制程序

1）SFC 程序

编写 SFC 程序时应先建立一个梯形图块，可在块中通过 M8002 由 SET 指令转入 SFC 块，然后再新建一个 SFC 块，并按照图 3-6 所示流程依次在 SFC 块中输入各状态和转移条件的程序。SFC 块如图 3-7（a）所示。

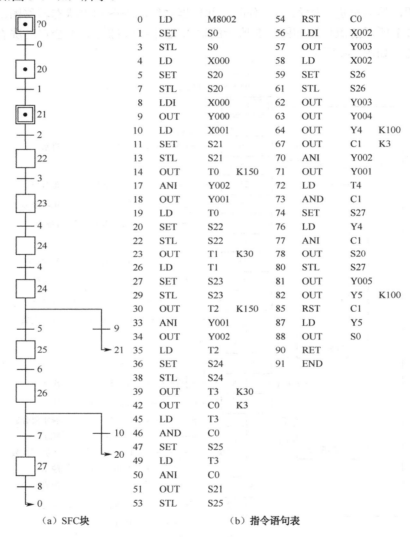

0	LD	M8002		54	RST	C0	
1	SET	S0		56	LDI	X002	
3	STL	S0		57	OUT	Y003	
4	LD	X000		58	LD	X002	
5	SET	S20		59	SET	S26	
7	STL	S20		61	STL	S26	
8	LDI	X000		62	OUT	Y003	
9	OUT	Y000		63	OUT	Y004	
10	LD	X001		64	OUT	Y4	K100
11	SET	S21		67	OUT	C1	K3
13	STL	S21		70	ANI	Y002	
14	OUT	T0	K150	71	OUT	Y001	
17	ANI	Y002		72	LD	T4	
18	OUT	Y001		73	AND	C1	
19	LD	T0		74	SET	S27	
20	SET	S22		76	LD	Y4	
22	STL	S22		77	ANI	C1	
23	OUT	T1	K30	78	OUT	S20	
26	LD	T1		80	STL	S27	
27	SET	S23		81	OUT	Y005	
29	STL	S23		82	OUT	Y5	K100
30	OUT	T2	K150	85	RST	C1	
33	ANI	Y001		87	LD	Y5	
34	OUT	Y002		88	OUT	S0	
35	LD	T2		90	RET		
36	SET	S24		91	END		
38	STL	S24					
39	OUT	T3	K30				
42	OUT	C0	K3				
45	LD	T3					
46	AND	C0					
47	SET	S25					
49	LD	T3					
50	ANI	C0					
51	OUT	S21					
53	STL	S25					

（a）SFC块　　　　　　　　　　（b）指令语句表

图 3-7　全自动洗衣机控制 SFC 块和指令语句

2）梯形图程序

全自动洗衣机的步进控制程序既可采用梯形图或指令语句直接编程，也可由 SFC 程序编译后直接以梯形图形式显示。全自动洗衣机控制系统梯形图程序如图 3-8 所示，对应的指令语句表如图 3-7（b）所示。

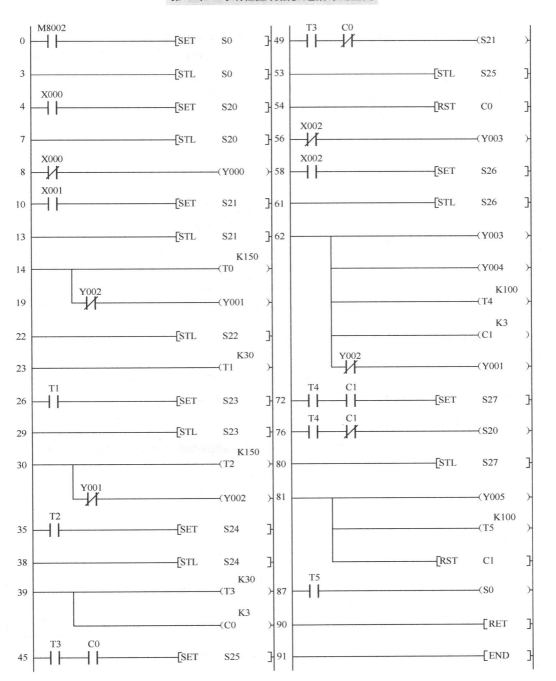

图 3-8　全自动洗衣机控制系统梯形图程序

3.1.5　系统安装与调试

1. 程序输入

输入步进程序时可以按照前面所述的方法直接输入梯形图程序，也可以在 GX Developer 编程软件中直接输入 SFC 程序，通过"编译"后得到梯形图，再根据梯形图通过列表显示指令语句。下面介绍根据图 3-6 所示的状态转移图输入 SFC 程序的方法。

（1）打开 GX Developer 编程软件，创建 "全自动洗衣机" 新工程文件，如图 3-9 所示。

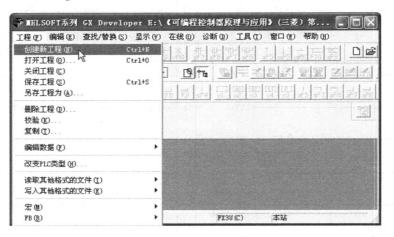

图 3-9　创建 "全自动洗衣机" 文件

（2）在 "创建新工程" 对话框中选择 PLC 系列和类型，并选择程序类型为 "SFC"，如图 3-10 所示。

（3）单击 "确定" 按钮，在 "块标题" 栏内双击 "0" 号块，在弹出的 "块信息设置" 对话框中输入块标题，并选择块类型为 "梯形图块"，如图 3-11 所示。

图 3-10　创建新工程　　　　　　　　　　图 3-11　新建梯形图块

（4）单击 "执行" 按钮，在弹出的 0 号块（初始化）中输入初始化梯形图程序，如图 3-12 所示。

（5）选择菜单命令 "显示" → "块列表显示"，如图 3-13 所示。

（6）在块列表中双击 1 号块，并输入块标题，选择块类型为 "SFC"，如图 3-14 所示。

（7）单击 "执行" 按钮，进入 SFC 块输入和编辑界面，选择 0 号块转移条件，并在右侧输入栏内将 X0 常开和 "TRAN" 相连。单击图标 🔳，将程序变换/编译，如图 3-15 所示。

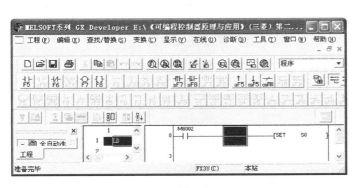

图 3-12　输入初始化梯形图程序

图 3-13　准备显示块列表

图 3-14　定义 1 号块信息

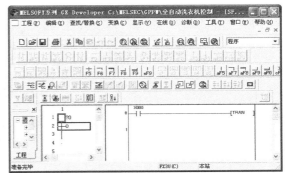

图 3-15　输入 0 号块转移条件

（8）将光标放至图 3-16 所示位置，单击图标 输入步状态，并设定步号。

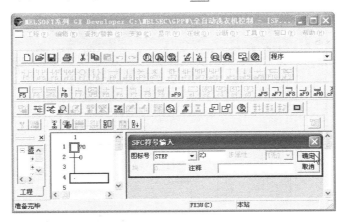

图 3-16　输入下一状态

（9）单击"确定"按钮，并选中步"20"，并在右侧输入该步内执行的动作，如图 3-17 所示。

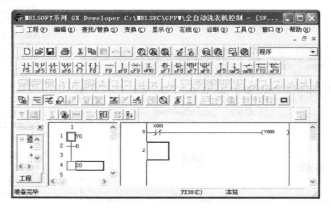

图 3-17 输入步状态和步内动作程序

（10）将光标放至图 3-18 所示位置，单击图标 $\boxed{\text{F5}}$，输入转移条件。

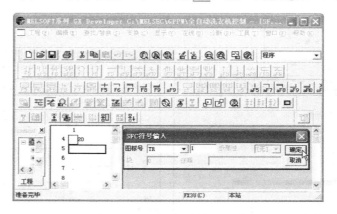

图 3-18 输入转移条件

（11）单击"确定"按钮，将光标停留在转移条件上，并在右侧输入转移条件的程序，如图 3-19 所示。

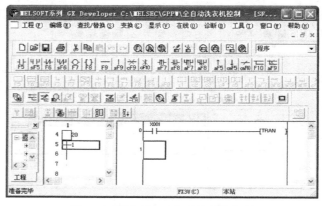

图 3-19 输入步 20 向下转移的条件

（12）按前面介绍的方法将图 3-6 所示的状态转移图输入至图 3-20 所示位置，并将光标移至转移条件 5 位置，准备输入跳转分支。

图 3-20　准备输入跳转分支

（13）单击图标 F6 ，分支编号采用默认值"1"，如图 3-21 所示。

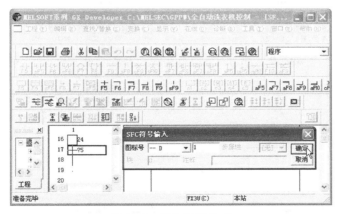

图 3-21　输入跳转分支

（14）将光标移至图 3-22 所示位置，准备输入跳转条件。

图 3-22　准备输入跳转条件

（15）单击图标 ，输入转移条件 6，并在转移条件 5 和 6 中输入对应的梯形图。再将光标移至图 3-23 所示位置，单击图标 ，输入跳转的目的步号。

图 3-23　输入跳转的目的步号

（16）单击"确定"按钮完成跳转的输入，如图 3-24 所示。

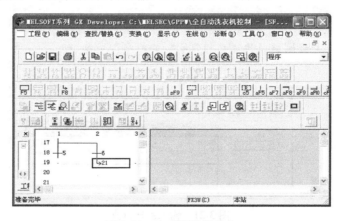

图 3-24　完成跳转的输入

（17）按同样的方法将图 3-6 对应的 SFC 块程序输入至图 3-25 所示位置。

图 3-25　SFC 块输入完毕

（18）选择菜单命令"工程"→"编辑数据"→"改变程序类型"，或右键单击工程栏中的主程序"MAIN"，选择"改变程序类型"选项，如图 3-26 所示。

图 3-26　准备改变程序类型

（19）在弹出的"改变程序类型"对话框中完成程序在 SFC 方式和梯形图方式之间的切换。若要将程序改变为指令语句的方式可在梯形图方式下，通过选择菜单命令"显示"→"列表显示"来实现，如图 3-27 所示。

图 3-27　程序类型切换

2．系统安装

1）准备元件器材

全自动洗衣机 PLC 控制系统所需元件器材参见表 3-3。

表 3-3　元件器材表

序　号	名　　称	型号规格	数　量	单　位	备　注
1	计算机		1	台	装有 GX Developer 编程软件
2	PLC	三菱 FX3U-48MR/ES	1	台	
3	安装板	600mm×900mm	1	块	网孔板
4	空气断路器	Multi9 C65N D20	1	只	
5	熔断器	RT28-32	7	只	

续表

序　号	名　称	型号规格	数　量	单　位	备　注
6	接触器	NC3—09/220V	2	只	
7	中间继电器	3TH82-44/220V	4	只	
8	热继电器	NR4—63（1-1.6A）	1	只	
9	三相异步电动机	JW6324-380V 250W 0.85A	1	只	
10	控制变压器	JBK3-100　380V/220V	1	只	
11	按钮	LA4-3H	1	只	
12	导轨	DIN	0.3	米	
13	端子	D-20	20	只	
14	铜塑线	BV1/1.37mm^2	10	米	主电路
15		BV1/1.13mm^2	15	米	控制电路
16		BVR7/0.75mm^2	10	米	
17	紧固件	M4×20 螺杆	若干	只	
18		M4×12 螺杆	若干	只	
19		ϕ4 平垫圈	若干	只	
20		ϕ4 弹簧垫圈及 ϕ4 螺母	若干	只	
21	号码管		若干	米	
22	号码笔		1	支	

2）安装接线

（1）按图 3-28 布置元器件。

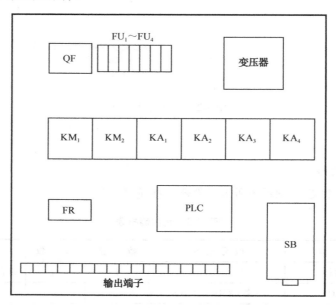

图 3-28　元器件布局

（2）按图 3-29 安装接线。

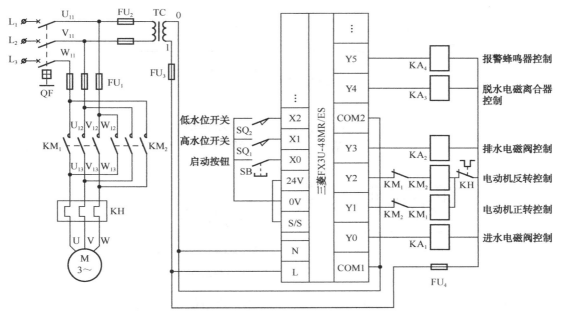

图 3-29　完整的系统图

3）写入程序并监控

将程序写入 PLC，并启动程序监控。

3. 系统调试

（1）在教师现场监护下进行通电调试，验证系统控制功能是否符合要求。

（2）如果出现故障，学生根据出现的故障现象独立检修相关电路或修改梯形图。

（3）系统检修完毕应重新通电调试，直至系统正常工作。

 拓展与延伸

若全自动洗衣机在洗涤过程中断电，要求重新来电后洗衣机能从断电处继续原先的洗涤过程，应如何用步进指令设计程序？

3.2　大小铁球分类控制系统

在设计步进程序时，除了要求程序按单个流程顺序执行外，有时还要求程序执行时，能够从多个分支中选择某一分支顺序执行，即选择性分支的步进顺序控制方式。本节通过大小铁球分类控制系统学习选择性分支的步进程序设计方法。

3.2.1　控制任务分析

1. 控制要求

大小铁球分类控制系统示意图如图 3-30 所示。

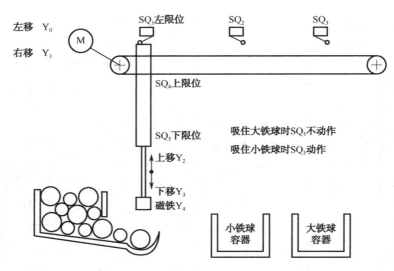

图 3-30   大小铁球分类控制系统示意图

（1）系统开机运行后，自动检测分拣杆是否处于原始位置（电磁铁失电、SQ_1 和 SQ_4 压合）。

（2）分拣杆必须在原始位置时系统才能启动，启动后的工作流程如图 3-31 所示。

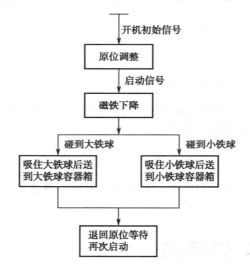

图 3-31   系统工作流程图

（3）磁铁下降碰球过程时间为 2s，大铁球还是小铁球由 SQ_5 的状态判定（见图 3-30）。考虑到工作的可靠性，规定磁铁吸牢和释放铁球的时间为 1s。

（4）分拣杆的垂直运动和横向运动不能同时进行。

2. 控制任务分析

由图 3-31 所示系统工作流程图可以看出，系统存在两个可选择的分支，选择条件为电磁铁吸住的是大铁球还是小铁球，即行程开关 SQ_5 是否压合。当 SQ_5 未压合时，电磁铁吸住的是大铁球，系统选择将球运往大铁球容器箱的分支；当 SQ_5 压合时，电磁铁吸住的是小铁球，系统选择将球运往小铁球容器箱的分支。因此，可用选择性分支步进程序设计该系统程序，并根据控制要求画出系统的控制流程图，如图 3-32 所示。

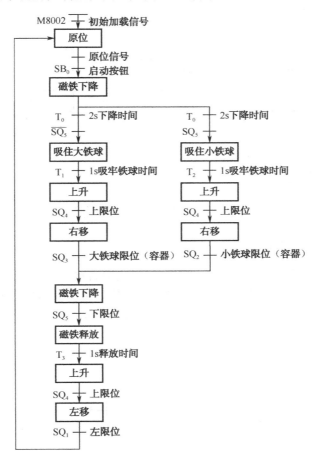

图 3-32　大小铁球分类控制系统流程图

3.2.2　相关基础知识

1. 选择性分支

根据状态转移条件从多个分支流程中选择某一分支执行，这种状态转移图的分支结构称为选择性分支。选择性分支实际上是从几个分支中选择一个分支执行，因此每次只能满足一个分支转移条件，不能同时满足几个分支转移条件。图 3-33 所示状态转移图就是一个选择性分支的例子。

图 3-33 所示状态转移图有 3 个分支流程，S20 为分支状态，S23 为汇合状态。步进程序执行至分支状态 S20 后，当满足某一分支执行条件时，选择执行该分支流程。当 X000 为 ON 时选择执行第一分支流程；当 X003 为 ON 时选择执行第二分支流程；当 X006 为 ON 时选择执行第三分支流程。但每次选择执行时，同一时刻执行条件 X000、X003 和 X006 中只能有一个为 ON，这是采用选择性分支结构的前提条件。S23 为汇合状态，当执行至每一分支流程的最后一个状态时，由相应的转移条件驱动。例如，选择第一分支执行至状态 S22 时，X002 为 ON 则转移至汇合状态 S23，其他分支类似。

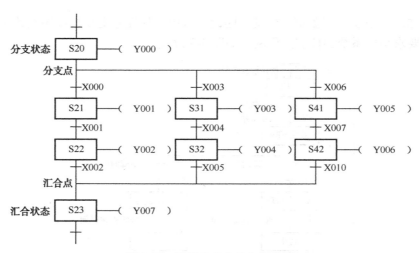

图 3-33 选择性分支状态转移图

2. 选择性分支状态的编程

选择性分支状态采用 SFC 编程时，可在 SFC 块中直接绘制，如图 3-34（a）所示；而其梯形图程序则是先对各分支进行集中转移处理，然后再分别按顺序对各分支进行编程，如图 3-34（b）所示，对应的指令语句如图 3-34（c）所示。

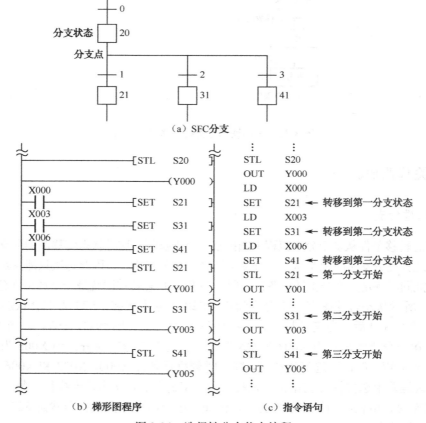

图 3-34 选择性分支状态编程

图 3-34（b）所示梯形图程序中，在分支状态 S20 中先进行驱动处理（OUT Y000），并集中进行 3 个分支的状态转移处理（SET S21、SET S31 和 SET S41），然后按顺序分别对 3 个分支进行编程。

3. 选择性汇合状态的编程

选择性汇合状态的编程原则是先分别在各分支的最后一个状态进行向汇合状态的转移处理，然后再对汇合状态编程，如图 3-35 所示。

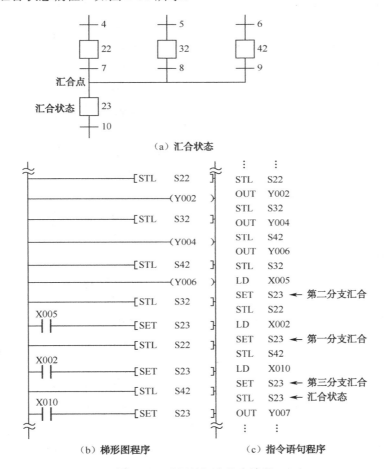

图 3-35　选择性汇合状态编程

由图 3-35 可以看出，选择性分支的汇合是通过各分支的最后一个状态直接置位汇合状态实现的。各分支按从左至右的顺序完成最后一个状态需执行的动作（驱动 Y2、Y4 和 Y6 动作），再根据各自的汇合条件按右起第二个分支开始到左起第一个分支的顺序汇合，最后汇合右起第一条分支，完成选择性分支的汇合。对应的梯形图和指令语句如图 3-35（b）和图 3-35（c）所示。

4. 选择性分支状态转移图对应的梯形图程序

根据选择性分支步进程序的编程原则可画出与图 3-33 对应的梯形图程序和指令语句，如

图 3-36 所示。

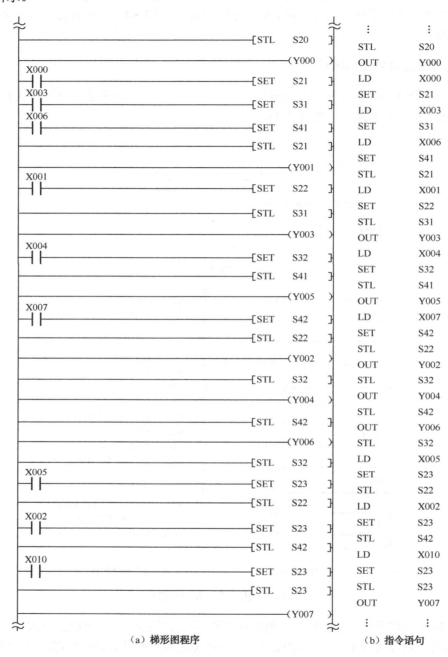

（a）梯形图程序　　　　　　　　　　　　　　　（b）指令语句

图 3-36　与图 3-33 对应的梯形图和指令语句

3.2.3　输入/输出分配

1．输入/输出分配表

大小铁球分类控制系统的输入/输出分配表如表 3-4 所示。

表 3-4   大小铁球分类控制系统的输入/输出分配表

输 入			输 出		
元件	作用	输入点	输出点	元件	作用
SB_0	启动按钮	X0	Y0	KM_1	分拣杆左移控制
SQ_1	分拣杆左限位	X1	Y1	KM_2	分拣杆右移控制
SQ_2	分拣杆小铁球容器限位	X2	Y2	KM_3	分拣杆上升控制
SQ_3	分拣杆大铁球容器限位	X3	Y3	KM_4	分拣杆下降控制
SQ_4	分拣杆上限位	X4	Y4	KA	电磁铁控制
SQ_5	分拣杆下限位	X5			

2. 输入/输出接线图

用三菱 FX3U-48MR/ES 型可编程控制器实现大小铁球分类控制系统的输入/输出接线如图 3-37 所示。

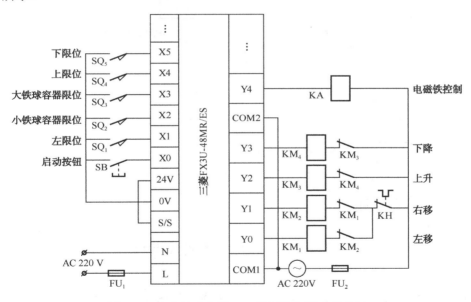

图 3-37   大小铁球分类 PLC 控制输入/输出接线图

在图 3-37 所示电路中，分拣杆的上升、下降由 KM_3、KM_4 控制气动元件来实现。

3.2.4   程序设计

根据图 3-32 所示大小铁球分类控制系统流程图得出大小铁球分类控制系统的状态转移图，如图 3-38 所示。

在与图 3-38 对应的电路中，初始化脉冲 M8002 使系统进入 SFC 块状态 S0 等待。系统的原位启动条件是分拣杆处于左上位（X1、X4 接通），此时按下启动按钮（X0 闭合），辅助继电器 M0 接通，转入状态 S20，分拣杆下降（Y3 接通）2s，在此期间若分拣杆碰到的是大铁球（X5 未动作），则选择左面一条支路，将大铁球放入大铁球容器；若分拣杆碰到的是小铁球（X5 动作），则选择右面一条支路，将小铁球放入小铁球容器。当一次分拣过程结束后，分拣杆停在原位等待系统下一次启动。

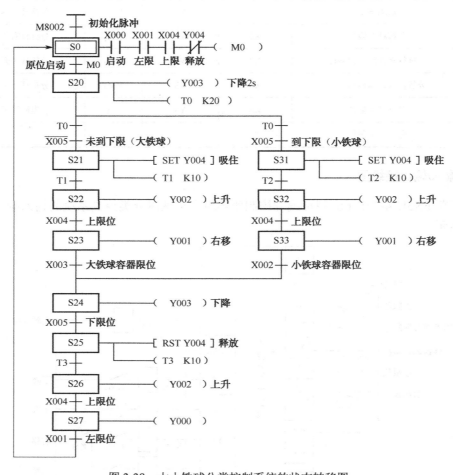

图 3-38　大小铁球分类控制系统的状态转移图

图 3-38 对应的 SFC 块及状态内部程序、转移条件如图 3-39 所示，对应的梯形图及指令语句如图 3-40 所示。

3.2.5　系统安装与调试

1. 程序输入

（1）按前面学过的方法将图 3-38 所示状态转移图输入至图 3-41 所示位置，准备输入选择性分支。

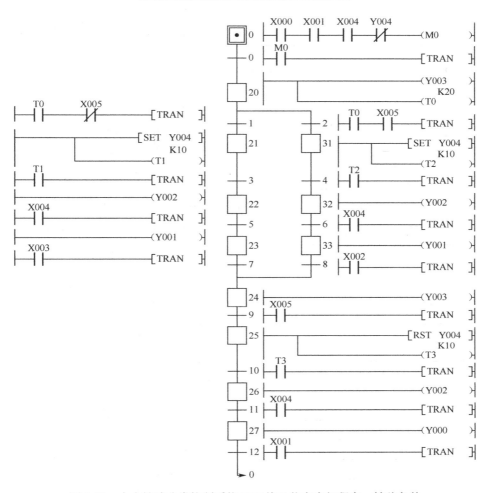

图 3-39　大小铁球分类控制系统 SFC 块及状态内部程序、转移条件

图 3-40　大小铁球分类控制系统梯形图及指令语句

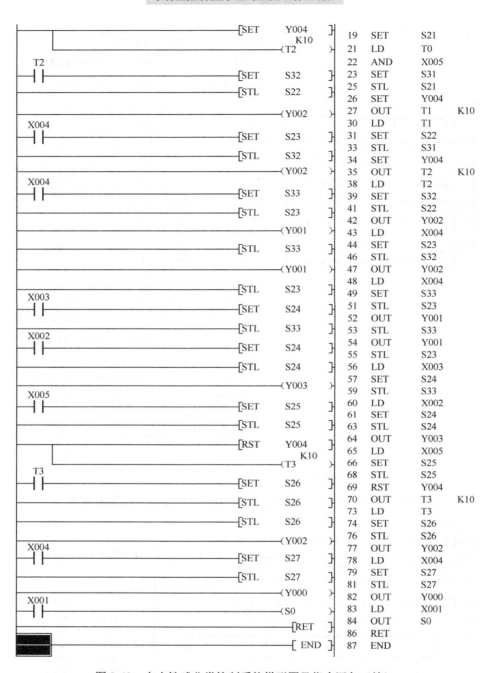

图 3-40　大小铁球分类控制系统梯形图及指令语句（续）

（2）将光标停在条件"1"上，按 F6 键或单击按钮 |F6|，并在弹出的"SFC 符号输入"对话框中单击"确定"按钮输入选择性分支，如图 3-42 所示；或直接单击按钮 |aF7|划线输入。

（3）将光标停留在图 3-43 所示位置，按 F8 键或单击按钮 |F8|，在弹出的"SFC 符号输入"对话框中单击"确定"按钮，完成选择性分支的汇合；或直接单击按钮 |aF9|划线合并。

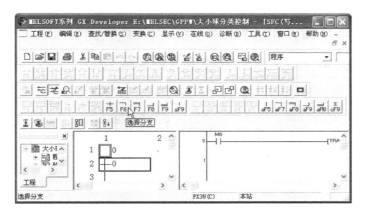

图 3-41 准备输入选择性分支

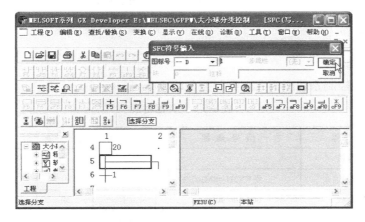

图 3-42 输入选择性分支

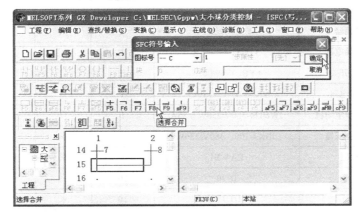

图 3-43 选择性分支的汇合

（4）按照前面学过的方法将图 3-39 所示大小铁球分类控制系统 SFC 块程序输入完毕，并对程序进行批量变换/编译，完成 SFC 块程序的输入，如图 3-44 所示。

（5）分别通过"程序类型变换"和"列表显示"可得到图 3-40 所示的梯形图程序和指令语句。

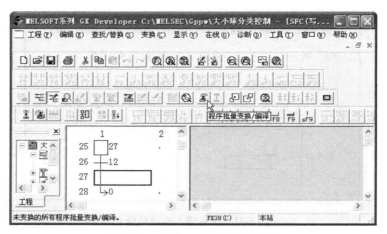

图 3-44　完成 SFC 块程序的输入

2．系统安装

1）准备元件器材

大小铁球分类控制系统所需元件器材参见表 3-5。

表 3-5　元件器材表

序　号	名　称	型号规格	数　量	单　位	备　注
1	计算机		1	台	装有 GX Developer 编程软件
2	PLC	三菱 FX3U-48MR/ES	1	台	
3	安装板	600mm×900mm	1	块	网孔板
4	导轨	DIN	0.3	米	
5	空气断路器	Multi9 C65N D20	1	只	
6	熔断器	RT28-32	7	只	
7	接触器	NC3—09/220V	4	只	
8	中间继电器	3TH82-44/220V	1	只	
9	行程开关	YBLX-19/001	5	只	
10	热继电器	NR4—63（1-1.6A）	1	只	
11	三相异步电动机	JW6324-380V 250W 0.85A	1	只	
12	控制变压器	JBK3-100　380V/220V	1	只	
13	按钮	LA4-3H	1	只	
14	端子	D-20	20	只	
15		BV1/1.37mm²	10	米	主电路
16	铜塑线	BV1/1.13mm²	15	米	控制电路
17		BVR7/0.75mm²	10	米	
18		M4×20 螺杆	若干	只	
19	紧固件	M4×12 螺杆	若干	只	
20		ϕ4 平垫圈	若干	只	

续表

序　号	名　称	型 号 规 格	数　量	单　位	备　注
21		$\phi 4$ 弹簧垫圈及 $\phi 4$ 螺母	若干	只	
22	号码管		若干	米	
23	号码笔		1	支	

注：由于本任务只是进行模拟控制，因此与分拣杆上升、下降相关的气动元件不在此列出。

2）安装接线

（1）按图 3-45 布置元器件。

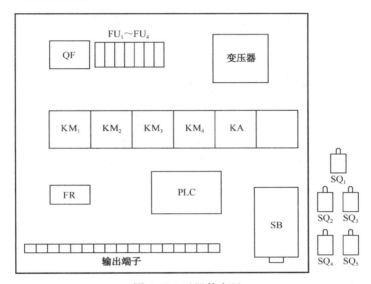

图 3-45　元器件布局

（2）按图 3-46 安装接线。

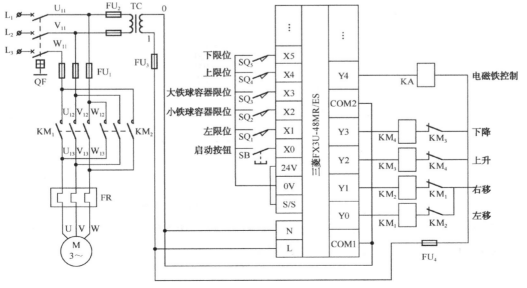

图 3-46　完整的系统图

3）写入程序并监控

将程序写入 PLC，并启动程序监控。

3．系统调试

（1）在教师现场监护下进行通电调试，验证系统控制功能是否符合要求。

（2）如果出现故障，学生根据出现的故障现象独立检修相关电路或修改梯形图。

（3）系统检修完毕应重新通电调试，直至系统正常工作。

 拓展与延伸

使大小铁球分类控制系统启动后能连续自动运行直至按下停止按钮，并增加原位调整的功能。

3.3 十字路口交通信号灯控制系统

在城市交通管理中，交通信号灯发挥着十分重要的作用。利用 PLC 可以很方便地实现交通信号灯的控制功能，运用步进指令编程更能使程序简单明了。

在执行步进程序时，也可以多个分支同时执行，即并行分支。本节将通过十字路口交通信号灯控制系统介绍并行分支步进程序的设计方法。

3.3.1 控制任务分析

1．控制要求

十字路口交通信号灯控制系统示意图如图 3-47 所示。

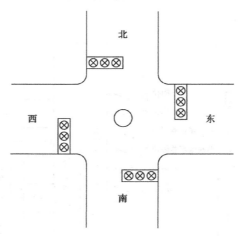

图 3-47 十字路口交通信号灯控制系统示意图

按下启动按钮，交通信号灯控制系统开始循环工作；按下停止按钮，系统在完成当前一个循环后自动停止工作。其具体控制要求参见表 3-6。

表 3-6　十字路口交通信号灯控制要求表

东西方向	信号	绿灯亮	绿灯闪烁	黄灯亮	红灯亮		
	时间	25s	3s（3 次）	2s	30s		
南北方向	信号	红灯亮			绿灯亮	绿灯闪烁	黄灯亮
	时间	30s			25s	3s（3 次）	2s

2. 控制任务分析

本控制系统是一个时间顺序控制系统，可以采用基本逻辑指令编程，也可以用前面学习过的单流程步进程序进行设计；同时还可以将东西方向和南北方向各看成一条主线，并行同时执行，即用并行分支步进程序进行设计。根据控制要求可画出十字路口交通信号灯控制系统时序图，如图 3-48 所示。

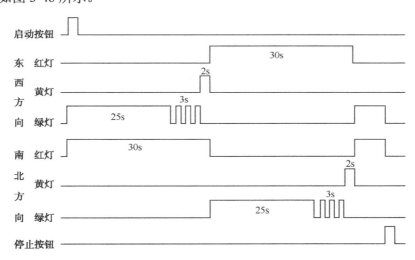

图 3-48　十字路口交通信号灯控制系统时序图

3.3.2　相关基础知识

1. 并行分支

当满足某个条件后使多个分支流程同时执行的分支结构称为并行分支。并行分支是满足某一条件时若干个分支同时并行执行，因此汇合时必须等所有分支全部执行完毕后，才能继续执行下一个流程。图 3-49 所示是一个并行分支状态转移的例子。

图 3-49 中，S20 为分支状态，S23 为汇合状态。当步进程序执行到状态 S20 时，若 X0 为 ON，则状态从 S20 同时转移至 S21、S31 和 S41，三个分支流程同时并行开始执行，实现并行分支的分支；而只有当三个分支全部执行结束后，接通 X4，才能使状态 S22、S32 和 S42 同时复位，转移到下一个状态 S23，实现并行分支的汇合。

2. 并行分支状态的编程

并行分支状态的编程原则和选择性分支一样，也是先对各分支集中进行状态转移处理，然后再分别按顺序对各分支进行编程，如图 3-50 所示。在分支状态 S20 中先进行驱动处理（OUT Y000），并以 X0 为触发条件，同时向 3 个分支进行状态转移处理（SET S21、SET S31 和 SET S41），然后按顺序分别对 3 个分支进行编程。

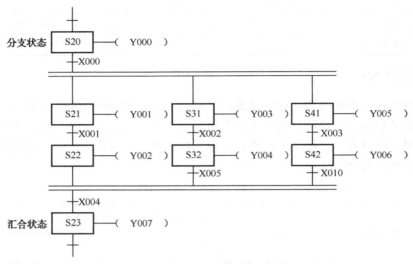

图 3-49 并行分支状态转移图

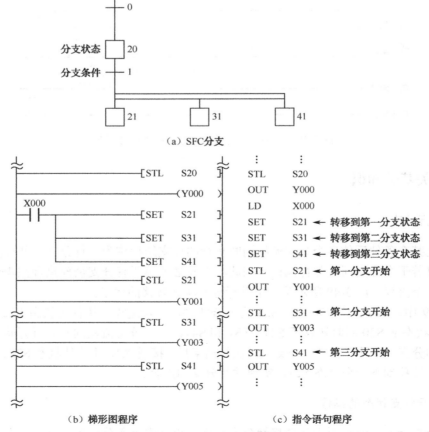

（a）SFC分支

（b）梯形图程序   （c）指令语句程序

图 3-50 并行分支状态编程

3．并行汇合状态的编程

并行汇合状态的编程是通过各分支的最后一个状态连续的几个 STL 指令实现的，然后再通过转移条件集中转移到汇合状态，因此只有在各分支执行完毕后才能向汇合继续执行。汇合状态的 SFC 块、梯形图程序和指令语句如图 3-51 所示。

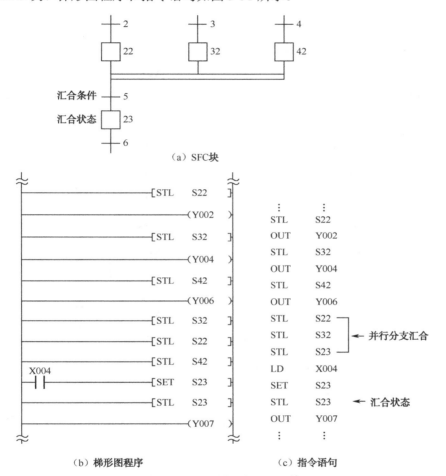

（a）SFC 块

（b）梯形图程序　　　　（c）指令语句

图 3-51　汇合状态的 SFC 块、梯形图程序和指令语句

从图 3-51 可以看出，在各个分支状态都执行结束后，通过连续的各个分支的最末状态（S22、S32 和 S42）的 STL 指令将分支汇合，此时接通步进汇合条件 X4，可集中转移到并行分支的汇合状态 S23，然后进行输出（OUT Y7）等其他处理。

4．并行分支状态转移图对应的梯形图程序

根据并行分支步进程序的编程原则可画出与图 3-49 对应的梯形图程序和指令语句，如图 3-52 所示。

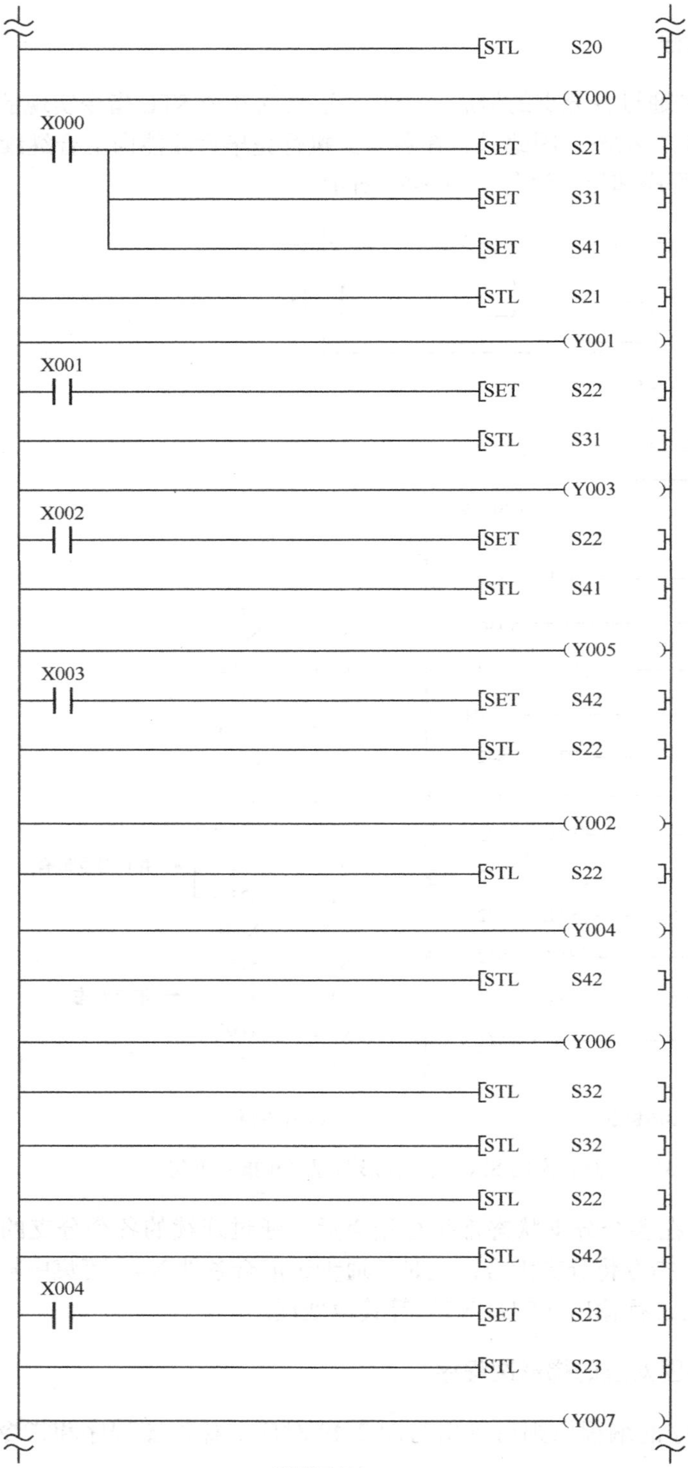

（a）梯形图程序

⋮	⋮
STL	S20
OUT	Y000
LD	X000
SET	S21
SET	S31
SET	S41
STL	S21
OUT	Y001
LD	X001
SET	S22
STL	S31
OUT	Y003
LD	X002
SET	S32
STL	S41
OUT	Y005
LD	X003
SET	S42
STL	S22
OUT	Y002
STL	S32
OUT	Y004
STL	S42
STL	S32
STL	S22
STL	S42
LD	X004
SET	S23
STL	S23
OUT	Y007
⋮	⋮

（b）指令语句

图 3-52　与图 3-49 对应的梯形图程序和指令语句

3.3.3　输入/输出分配

1．输入/输出分配表

十字路口交通信号灯控制系统的输入/输出分配表参见表 3-7。

表 3-7　十字路口交通信号灯控制系统的输入/输出分配表

输　　入			输　　出		
元件	作用	输入点	输出点	元件	作用
SB_1	启动按钮	X0	Y0	HL_1、HL_2	东西绿灯
SB_2	停止按钮	X1	Y1	HL_3、HL_4	东西黄灯
			Y2	HL_5、HL_6	东西红灯
			Y4	HL_7、HL_8	南北绿灯
			Y5	HL_9、HL_{10}	南北黄灯
			Y6	HL_{11}、HL_{12}	南北红灯

2．输入/输出接线图

用三菱 FX3U-48MR/ES 型可编程控制器实现十字路口交通信号灯控制系统的输入/输出接线，如图 3-53 所示。

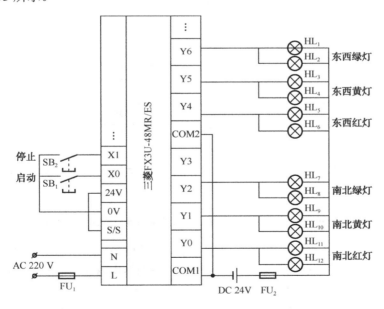

图 3-53　十字路口交通信号灯 PLC 控制输入/输出接线

图 3-53 所示电路用一个输出点驱动两个交通信号灯，若 PLC 驱动电流不够，则可用一个输出点驱动一个交通信号灯，或者由 PLC 先驱动中间继电器，然后用中间继电器再去驱动信号灯负载。

3.3.4　程序设计

在设计步进程序时，一般应先根据控制要求画出系统的状态转移图，然后再将状态转移图输入梯形图块和 SFC 块，并调试程序，直至满足系统控制要求。根据图 3-48 所示时序图，将东西方向和南北方向各看成一个分支，可得出十字路口交通信号灯控制系统的并行分支状态转移图，如图 3-54 所示。

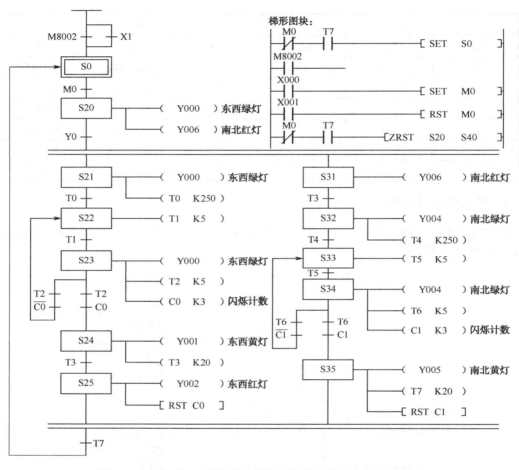

图 3-54　十字路口交通信号灯控制系统的并行分支状态转移图

从图 3-54 可以看出，当 PLC 为"RUN"时，步进程序转入状态 S0，而启动和停止程序在步进过程之外的梯形图块中，按下启动按钮后，辅助继电器 M0 置位，步进程序转入状态 S20，东西绿灯（Y0）和南北红灯（Y6）同时接通，步进过程转入并行分支，两条分支同时并行执行。东西绿灯（Y0）亮，南北红灯（Y6）亮；25s 后东西绿灯闪烁（闪烁周期为 1s），由计数器 C0 计闪烁的次数，未满三次跳转到状态 S22，满三次则转入状态 S23，使东西黄灯（Y1）亮；2s 后转入状态 S25，东西红灯（Y2）亮，计数器 C0 复位；同时南北分支转入状态 S32，南北绿灯（Y4）亮……当南北分支执行到状态 S35 时，南北黄灯（Y5）亮，计数器 C1 复位，定时器 T7 动作时，步进过程跳转到状态 S0，此时若未按停止按钮（X1）即 M0 保持接通，则交通灯自动重复循环；在运行过程中，若按下停止按钮，M0 复位，待运行至当前循环结束 T7 接通时 S0 置位，同时用区间复位（ZRST）指令复位状态 S20～S40。这样就保证了在任何时刻按下停止按钮，交通灯都能完成本次循环后才停止运行，在状态 S0 等待下一次启动。由此可得 SFC 块程序，如图 3-55 所示。

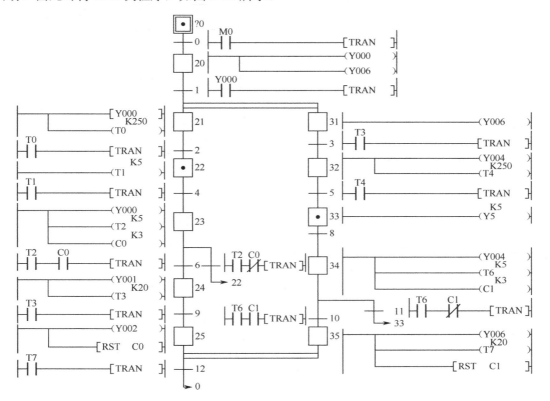

图 3-55　十字路口交通信号灯控制系统 SFC 块程序

十字路口交通信号灯控制系统梯形图程序如图 3-56 所示。

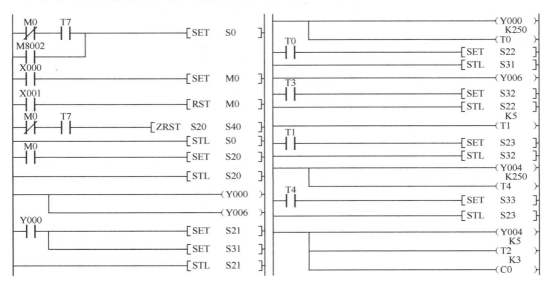

图 3-56　十字路口交通信号灯控制系统梯形图程序

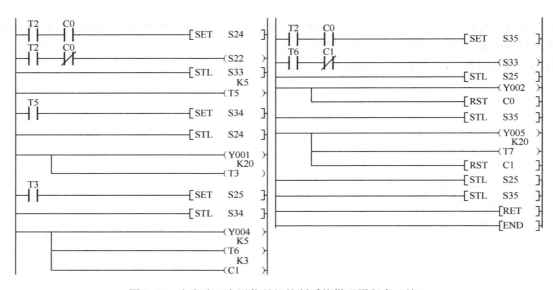

图 3-56   十字路口交通信号灯控制系统梯形图程序（续）

图 3-56 所示梯形图程序对应的指令语句如下：

0	LDI	M0		38	LD	T3		81	OUT	T3	K20
1	AND	T7		39	SET	S32		84	LD	T3	
2	OR	M8002		41	STL	S22		85	SET	S25	
3	SET	S0		42	OUT	T1	K5	87	STL	S34	
5	LD	X000		45	LD	T1		88	OUT	Y004	
6	SET	M0		46	SET	S23		89	OUT	T6	K5
7	LD	X001		48	STL	S32		92	OUT	C1	K3
8	RST	M0		49	OUT	Y004		95	LD	T6	
9	LDI	M0		50	OUT	T4	K250	96	AND	C1	
10	AND	T7		53	LD	T4		97	SET	S35	
11	ZRST	S20	S40	54	SET	S33		99	LD	T6	
16	STL	S0		56	STL	S23		100	ANI	C1	
17	LD	M0		57	OUT	Y000		101	OUT	S33	
18	SET	S20		58	OUT	T2	K5	103	STL	S25	
20	STL	S20		61	OUT	C0	K3	104	OUT	Y002	
21	OUT	Y000		64	LD	T2		105	RST	C0	
22	OUT	Y006		65	AND	C0		107	STL	S35	
23	LD	Y000		66	SET	S24		108	OUT	Y005	
24	SET	S21		68	LD	T2		109	OUT	T7	K20
26	SET	S31		69	ANI	C0		112	RST	C1	
28	STL	S21		70	OUT	S22		114	STL	S25	
29	OUT	Y000		72	STL	S33		115	STL	S35	
30	OUT	T0	K250	73	OUT	T5	K5	116	LD	T7	
33	LD	T0		76	LD	T5		117	OUT	S0	
34	SET	S22		77	SET	S34		119	RET		
36	STL	S31		79	STL	S24		120	END		
37	OUT	Y006		80	OUT	Y001					

3.3.5 系统安装与调试

1. 程序输入

（1）新建"十字路口交通灯控制系统"SFC 块程序，并在新建的梯形图块中输入图 3-54 中的梯形图块程序，如图 3-57 所示。

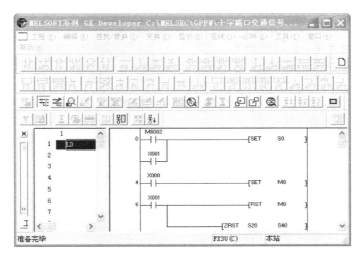

图 3-57 输入梯形图块程序

（2）按前面学过的方法通过选择菜单命令"显示"→"块列表显示"切换到块列表，并新建 SFC 块，将图 3-55 所示 SFC 块程序输入至图 3-58 所示位置，准备输入并行分支。

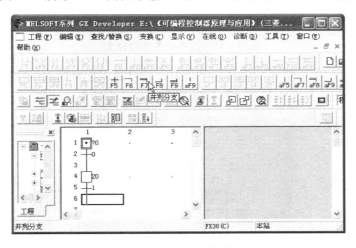

图 3-58 准备输入并行分支

（3）按 F7 键或单击按钮 🔲，在弹出的"SFC 符号输入"对话框中选择分支数"2"，单击"确定"按钮输入并行分支，如图 3-59 所示；也可直接单击按钮 🔲 划线输入。

（4）按前面学过的方法将图 3-55 所示 SFC 块程序输入至图 3-60 所示位置，准备合并并行分支。

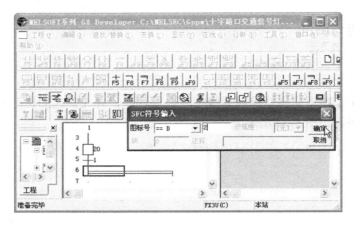

图 3-59　输入并行分支

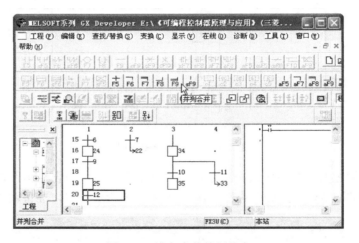

图 3-60　准备合并并行分支

（5）按 F9 键或单击按钮，在弹出的"SFC 符号输入"对话框中选择合并分支数"2"，单击"确定"按钮合并并行分支，如图 3-61 所示；也可直接单击按钮划线输入。

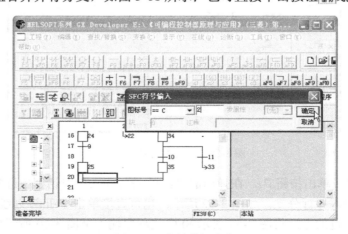

图 3-61　合并并行分支

（6）按前面学过的方法将图 3-55 所示 SFC 块程序输入完毕，并对程序进行批量变换/编译，如图 3-62 所示。

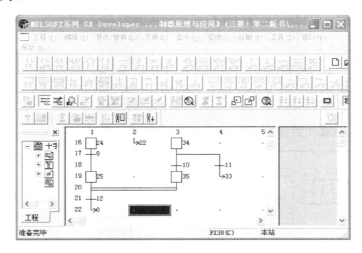

图 3-62　SFC 块程序输入完毕

2．系统安装

1）准备元件器材

十字路口交通信号灯控制系统所需元件器材参见表 3-8。

表 3-8　元件器材表

序　号	名　称	型 号 规 格	数　量	单　位	备　注
1	计算机		1	台	装有 GX Developer 编程软件
2	PLC	三菱 FX3U-48MR/ES	1	台	
3	安装板	600mm×900mm	1	块	网孔板
4	导轨	DIN	0.3	米	
5	空气断路器	Multi9 C65N D20	1	只	
6	熔断器	RT28-32	4	只	
7	直流开关电源	DC24V、50W	1	只	
8		XB2-BVB3C 24V	3	只	绿色
9	指示灯	XB2-BVB4C 24V	3	只	红色
10		XB2-BVB5C 24V	3	只	黄色
11	控制变压器	JBK3-100　380V/220V	1	只	
12	按钮	LA4-3H	1	只	
13	端子	D-20	20	只	
14		BV1/1.13mm²	25	米	
15	铜塑线	BVR7/0.75mm²	10	米	
16		M4×20 螺杆	若干	只	
17	紧固件	M4×12 螺杆	若干	只	

续表

序　号	名　　称	型　号　规　格	数　量	单　位	备　注
18	紧固件	$\phi4$ 平垫圈	若干	只	
19		$\phi4$ 弹簧垫圈及 $\phi4$ 螺母	若干	只	
20	号码管		若干	米	
21	号码笔		1	支	

2）安装接线

（1）按图 3-63 布置元器件。

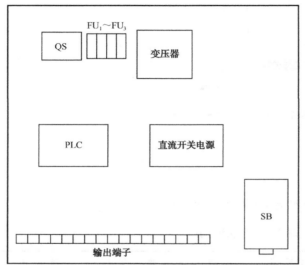
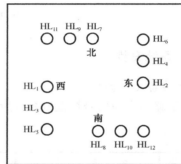

图 3-63　元器件布局

（2）按图 3-64 安装接线。

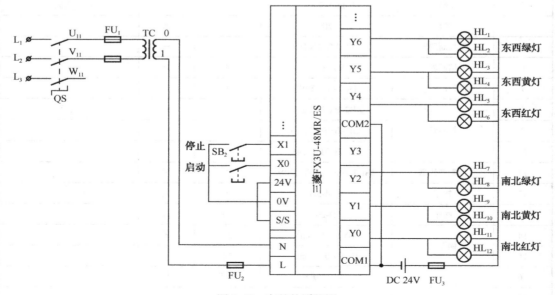

图 3-64　完整的系统图

3）写入程序并监控

将程序写入 PLC，并启动程序监控。

3. 系统调试

（1）在教师现场监护下进行通电调试，验证系统控制功能是否符合要求。

（2）如果出现故障，学生根据出现的故障现象独立检修相关电路或修改梯形图。

（3）系统检修完毕应重新通电调试，直至系统正常工作。

 拓展与延伸

在本十字路口交通信号灯控制系统中增设东西和南北方向左行信号灯，要求每次左行信号绿灯亮 20s 后变为左行红灯，此时直行信号绿灯再亮。

3.4 机械手控制系统

在实际的机械控制系统中，有时需要机械分别在不同的操作方式下工作，这会增加系统控制程序设计的难度，使控制程序复杂化。为方便控制，三菱 FX 系列 PLC 专门配备了专用的方便指令，运用该指令能自动进行操作方式的输入分配，规定各种操作方式的起始状态元件号，使系统控制程序大大简化。本节将通过机械手控制系统介绍运用专用的方便指令设计多操作方式步进控制程序的方法。

3.4.1 控制任务分析

1. 控制要求

机械手控制系统示意图如图 3-65 所示，其主要任务是将工件从 A 点搬运至 B 点，各动作通过控制电磁阀完成，控制要求如下：

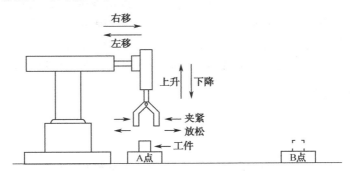

图 3-65 机械手控制系统示意图

（1）要求系统具有手动、自动、回原点、单周期运行和单步运行 5 种不同的操作方式；机械手必须在原点位置时才能启动，原点位置在机械手的左上角。

（2）手动操作方式要求按相应按钮后机械手能手动完成夹紧、放松、上升、下降、左移和右移动作。

（3）自动操作方式要求按启动按钮后机械手按"下降→夹紧→上升→右移→下降→放松

→上升→左移→下降……"的顺序连续运行，直至停止或改变工作方式。

（4）回原点运行方式要求按回原点按钮后机械手自动回归原点。

（5）单周期运行方式要求按启动按钮后机械手运行完一个周期后停止。

（6）单步运行方式要求按一次启动按钮，机械手按自动运行的顺序单步运行。

机械手控制系统详细动作示意图如图 3-66 所示。

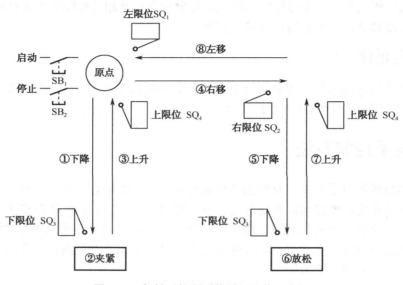

图 3-66　机械手控制系统详细动作示意图

图 3-66 中数字序号表明了机械手动作的先后顺序，$SQ_1 \sim SQ_4$ 四个位置开关用来检测机械手是否到位。

2．控制任务分析

本控制系统同样是一个顺序控制系统，可运用步进指令进行程序设计，但该系统要求采用多种操作方式，若用前面学过的步进程序设计方法进行程序设计，会使设计工作凌乱复杂，并影响程序的可读性。为此可采用三菱 FX 系列 PLC 的方便类指令 IST（FUN 60），对系统进行初始状态设置，并自动分配状态和输入，以减少程序设计的工作量，增强程序的可读性。

3.4.2　相关基础知识

1．操作方式

设备的操作方式一般可分为手动和自动两大类，手动操作方式主要用于设备的调整，自动操作方式用于设备的自动运行。手动操作方式有手动操作和回原点两种；自动操作方式可分为单步运行、单周期运行和连续运行。

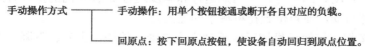

自动操作方式 ———— 单步运行：每按一次启动按钮，设备前进一个工步。

单周期运行：在原点位置时，按下启动按钮，设备自动运行一个
周期后停于原位；途中按下停止按钮，设备停止运行；再次按下
启动按钮时，设备从断点处继续运行，直至原位停止。

连续运行：在原点位置按下启动按钮，设备按既定工序连续反复
运行。若中途按下停止按钮，设备运行至原位停止。

2．置初始状态指令

置初始状态指令为功能指令，主要是方便多操作方式控制系统的步进程序设计。

功能号：FNC 60

助记符：IST

指令功能：用于自动设定各操作方式的初始状态和分配相应的输入元件。

IST 指令的应用举例如图 3-67 所示。

图 3-67　IST 指令的应用举例

图 3-67 中，当 PLC 为"RUN"时，M8000 接通执行 IST 指令，对各操作方式的初始状态和输入元件进行分配。其中[D1.]指定操作方式的输入元件，[D2.] 指定自动操作方式中实际用到的最小状态号，[D3.] 指定自动操作方式中实际用到的最大状态号。

1）输入元件的指定

执行图 3-67 中的 IST 指令后，PLC 自动指定各操作方式的输入元件，输入元件为从 X010 开始的连续的输入元件（X）号。

X010: 手动操作	X014: 连续运行操作
X011: 回原点操作	X015: 回原点启动
X012: 单步运行操作	X016: 自动运行启动
X013: 单周期运行操作	X017: 停止

为保证操作方式的输入元件（X010～X017）不同时接通，应采用转换开关作为操作方式选择开关。

若在设计程序时无法指定连续的输入点作为操作方式的输入元件，则在应用 IST 指令时，应将 IST 指令的[D1.]改为辅助继电器 M（如 M0），再通过编程对输入编号进行重排，如图 3-68 所示。

如果设计的控制系统不需要所有的操作方式，则在重排输入编号时可运用 M8000 的常闭触点将不需要的操作方式去除，以节省输入点的使用，如图 3-69 所示。

图 3-69 中，当 PLC 为"RUN"时，M8000 常闭触点断开，M1、M2、M3 和 M5 断开，去除系统不需要的操作方式，空出输入点 X020、X013、X012 和 X015 用于其他输入用途。

2）初始状态的指定

执行图 3-67 中的 IST 指令后，PLC 自动指定各操作方式的起始状态元件。

S0: 手动操作方式起始状态

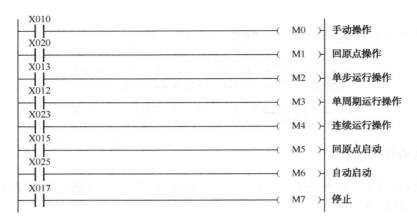

图 3-68　操作方式输入元件编号重排

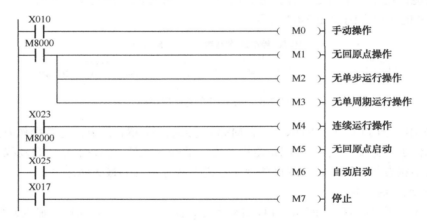

图 3-69　去除不需要的操作方式

S1：回原点起始状态

S2：自动操作方式起始状态

在编写各操作方式相应的步进控制程序时，必须从上述指定的初始状态开始编写。

3）相关特殊辅助继电器

执行图 3-67 中的 IST 指令后，相应的特殊辅助继电器即被指定为如下功能。

（1）M8040：禁止转移继电器。该特殊辅助继电器接通则禁止所有状态进行转移。

① 手动操作方式下，该特殊辅助继电器总是接通。

② 回原点和单周期运行时，按下停止按钮后，该特殊辅助继电器为 ON，按下启动按钮后，该特殊辅助继电器为 OFF。

③ 单步执行时，该特殊辅助继电器保持接通，但按下启动按钮后该特殊辅助继电器变为 OFF，使状态可以顺利向下转移一步。

④ 连续运行时，当 PLC 为"RUN"时，该特殊辅助继电器接通，按启动按钮后该特殊辅助继电器断开。

（2）M8041：开始转移继电器。该特殊辅助继电器是从初始状态 S2 向下转移的转移条件辅助继电器。

① 手动操作和回原点方式下，该特殊辅助继电器不动作。

② 单步和单周期运行时，该特殊辅助继电器仅在按动启动按钮时动作。

③ 自动操作方式下按启动按钮后，该特殊辅助继电器保持接通，按停止按钮后断开。

（3）M8042：启动脉冲继电器。启动按钮按下时该特殊辅助继电器瞬时接通一个扫描周期。

（4）M8043：回原点结束继电器。当回原点结束时，由用户编程控制其接通，在回原点状态有效。

（5）M8044：原点条件继电器。当检测到满足原点条件时，由用户编程控制其接通，在所有状态下都为有效信号。

（6）M8045：禁止所有状态复位。在手动、回原点和自动模式间切换时，若机械手不在原点位置，则所有输出和动作状态将被复位，但若先驱动了 M8045，则仅复位动作状态，其余状态不复位。

（7）M8047：STL 监控有效继电器。使用 IST 指令后，该特殊辅助继电器为 ON，数据寄存器 D8040～D8047 有效，状态 S0～S899 中正在动作的状态的最小编号存入 D8040 中，其他动作状态由小到大依次存入 D8041～D8047 中，因此最多可监控 8 个动作的状态。

执行图 3-67 中的 IST 指令后，PLC 自动设定的相关特殊辅助继电器的动作等效于图 3-70 所示的梯形图程序。

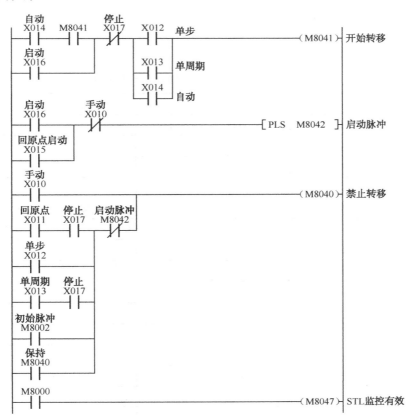

图 3-70　相关特殊辅助继电器动作梯形图程序

4）IST 指令使用注意事项

（1）IST 指令的操作元件。

① 操作数[D1.]：可选择 X、Y 或 M，一旦选定，以[D1.]开始的 8 个连续元件的功能即

被指定，不能再作他用；

②操作数[D2.]、[D3.]：可选择 S20～S899 中的状态元件，且[D2.]的状态元件号必须小于[D3.] 的状态元件号。

（2）IST 指令的触发信号为 ON 时，相关的特殊辅助继电器的功能和各操作方式的初始状态被自动指定；IST 指令的触发信号为 OFF 时，这些元件状态仍保持不变，直至 PLC 从"RUN"变为"STOP"或切断电源。

（3）IST 指令只能使用一次，并且必须写在 STL 指令之前，即在 S0～S2 出现之前。

（4）使用 IST 指令后，S10～S19 被指定为回原点操作使用，S0～S2 被指定为初始化状态，因此这些状态在编程时不能再以通用状态使用；不使用 IST 指令时，初始化状态可从 S0～S9 中任意选择，S10～S19 可用于通用状态。

（5）操作方式选择开关应采用转换开关，以保证一次只能选择一种操作方式。

（6）改变操作方式应在回原点标志接通后进行，若在 M8043 接通前改变操作方式，则所有输出均断开。

3.4.3　输入/输出分配

1．输入/输出分配表

机械手控制系统的输入/输出分配表参见表 3-9。

表 3-9　机械手控制系统的输入/输出分配表

输　　入			输　　出		
元件	作用	输入点	输出点	元件	作用
SB$_1$	上升	X0	Y0	KA$_1$	下降电磁阀控制
SB$_2$	下降	X1	Y1	KA$_2$	夹紧电磁铁控制
SB$_3$	左移	X2	Y2	KA$_3$	上升电磁阀控制
SB$_4$	右移	X3	Y3	KA$_4$	右移电磁阀控制
SB$_5$	放松	X4	Y4	KA$_5$	左移电磁阀控制
SB$_6$	夹紧	X5			
SQ$_1$	左限位	X6			
SQ$_2$	右限位	X7			
SQ$_3$	上限位	X20			
SQ$_4$	下限位	X21			
SA	手动	X10			
	回原点	X11			
	单步	X12			
	单周期	X13			
	自动	X14			
SB$_7$	回原点启动	X15			
SB$_8$	启动按钮	X16			
SB$_9$	停止按钮	X17			

2. 输入/输出接线图

用三菱 FX3U-48MR/ES 型可编程控制器实现机械手控制系统的输入/输出接线，如图 3-71 所示。

图 3-71 中，X10～X17 这 8 个连续输入元件的功能将被 IST 指令自动指定，输出端所接的 5 个中间继电器用于控制各个动作的执行元件，其中夹紧动作由 KA_2 控制，即 KA_2 得电进行夹紧动作，而 KA_2 失电则进行放松动作，因此在输出端没有专门控制放松动作的元件。

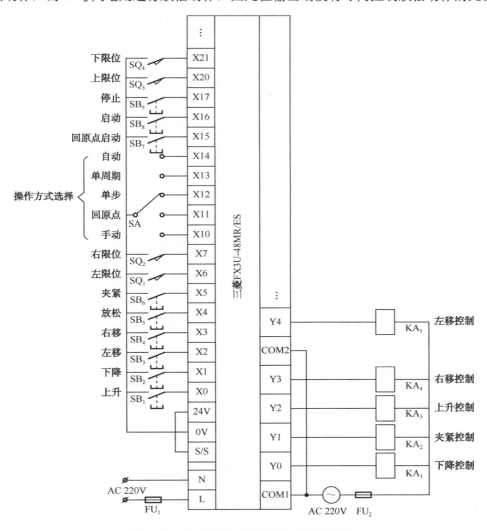

图 3-71　机械手 PLC 控制输入/输出接线图

3.4.4　程序设计

机械手控制系统尽管输入点占用较多，操作方式复杂，但运用方便指令中的 IST 指令后，可方便地运用步进指令编程。

在设计程序时，首先应进行程序初始化，用 IST 指令对各个操作方式分配输入点，并给出原位条件；然后再分别设计"手动"、"回原点"和"自动连续运行"程序。"单步运行"和"单周期运行"由于包含于"自动连续运行"程序中，由 IST 指定"启动"按钮控制，所以无须再单独编写程序。

1）梯形图块程序设计

初始化程序应在梯形图块中编写，IST 指令触发信号一般用 M8000，以保证 PLC 为"RUN"瞬间即执行 IST 指令；同时给出原点的到位条件，即机械手回到原点时 M8044 接通，作为自动进入各个 SFC 块初始状态运行的条件。机械手初始化程序如图 3-72 所示。

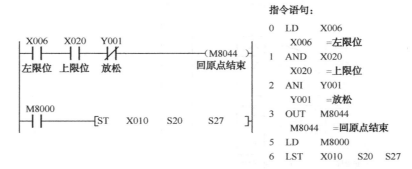

指令语句：

```
0  LD    X006
      X006  =左限位
1  AND   X020
      X020  =上限位
2  ANI   Y001
      Y001  =放松
3  OUT   M8044
      M8044 =回原点结束
5  LD    M8000
6  LST   X010   S20   S27
```

图 3-72　机械手初始化程序

2）手动控制 SFC 块程序设计

在手动操作方式下，即操作方式选择开关使 X10 接通时，要求机械手能手动进行"夹紧"、"放松"、"上升"、"下降"、"左移"和"右移"操作。由于 IST 指令规定了手动操作的初始状态为 S0，所以这些操作应在状态 S0 中完成。手动操作方式控制的 SFC 程序如图 3-73 所示。

图 3-73 所示程序为保证机械手抓起工件后能保持而采用了置位指令。

3）回原点控制程序设计

回原点操作是按下回原点启动按钮（X15）后，机械手能自动回归原点（上限位 X20、左限位 X6 接通），停止工作。因此，按下回原点按钮后，机械手应自动完成"放松、上升"到上限位（X20 接通）→"左移"到左限位（X6 接通）→"M8043 置 1"这一过程。将 M8043置"1"时表明回原点操作已结束，为自动连续运行操作做好准备。回原点操作的 SFC 程序如图 3-74 所示。

4）自动（连续、单步、单周期）运行控制程序设计

自动运行包括连续运行、单步运行和单周期运行 3 种方式，具体执行何种操作方式由转换开关 SA 决定，即 X12～X14 中哪个输入点闭合。连续运行操作是机械手回原点结束（M8044接通）后，将操作方式转换开关打到"自动"挡（X14 接通），按下启动按钮（X16 接通），此时由于 IST 指令的运用，状态转移开始，特殊辅助继电器 M8041 接通，机械手按"下降"到下限位（X21 接通）→"夹紧"（夹紧时间为 1s）→"上升"到上限位（X20 接通）→"右移"到右限位（X7 接通）→"下降"到下限位（X21 接通）→"放松"（放松时间为 1s）→"上升"到上限位（X20 接通）→"左移"到左限位（X6 接通）→"下降"到下限位……这一过程连续自动重复运行，直至按下停止按钮（X17 接通）。自动连续运行状态转移图如图 3-75 所示。

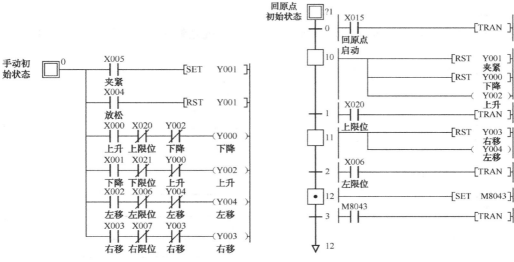

图 3-73　手动操作方式控制的 SFC 程序　　　图 3-74　回原点操作的 SFC 程序

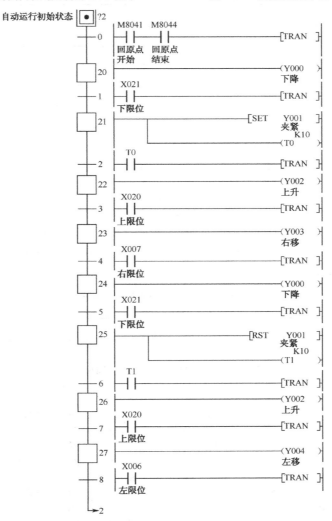

图 3-75　自动连续运行状态转移图

5）机械手完整控制程序

将上述状态转移图进行综合后得到机械手控制系统完整的梯形图程序，如图 3-76 所示。

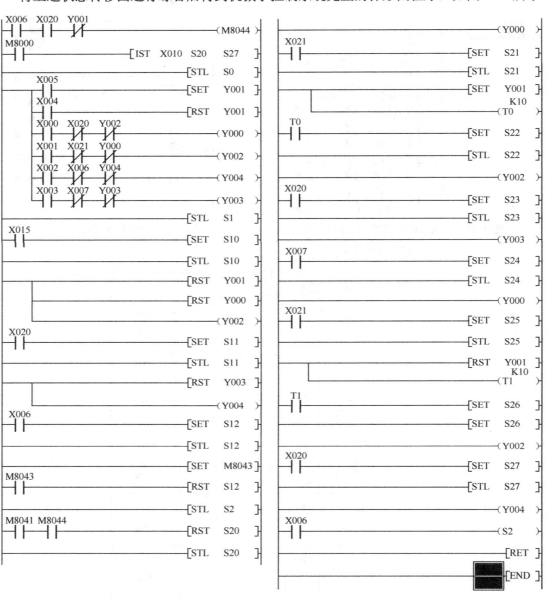

图 3-76　机械手控制系统完整的梯形图程序

图 3-76 所示梯形图程序对应的指令语句如下：

0	LD	X006		38	ANI	Y003	78	LD	T0
1	AND	X020		39	OUT	Y003	79	SET	S22
2	ANI	Y001		40	STL	S1	81	STL	S22
3	OUT	M8044		41	LD	X015	82	OUT	Y002
5	LD	M8000		42	SET	S10	83	LD	X020
6	IST	X010	S20 S27	44	STL	S10	84	SET	S23
13	STL	S0		45	RST	Y001	86	STL	S23
14	MPS			46	RST	Y000	87	OUT	Y003

15	AND	X005	47	OUT	Y002	88	LD	X007
16	SET	Y001	48	LD	X020	89	SET	S24
17	MRD		49	SET	S11	91	STL	S24
18	AND	X004	51	STL	S11	92	OUT	Y000
19	RST	Y001	52	RST	Y003	93	LD	X021
20	MRD		53	OUT	Y004	94	SET	S25
21	AND	X000	54	LD	X006	96	STL	S25
22	ANI	X020	55	SET	S12	97	RST	Y001
23	ANI	Y002	57	STL	S12	98	OUT	T1　　K10
24	OUT	Y000	58	SET	M8043	101	LD	T1
25	MRD		60	LD	M8043	102	SET	S26
26	AND	X001	61	RST	S12	104	STL	S26
27	ANI	X021	63	STL	S2	105	OUT	Y002
28	ANI	Y000	64	LD	M8041	106	LD	X020
29	OUT	Y002	65	AND	M8044	107	SET	S27
30	MRD		66	SET	S20	109	STL	S27
31	AND	X002	68	STL	S20	110	OUT	Y004
32	ANI	X006	69	OUT	Y000	111	LD	X006
33	ANI	Y004	70	LD	X021	112	OUT	S2
34	OUT	Y004	71	SET	S21	114	RET	
35	MPP		73	STL	S21	115	END	
36	AND	X003	74	SET	Y001			
37	ANI	X007	75	OUT	T0　　K10			

3.4.5　系统安装与调试

1．程序输入

（1）新建"机械手控制"工程，并在新建的"初始化程序"梯形图块中将图 3-73 所示梯形图程序输入至图 3-77 所示位置，准备输入 IST 指令。

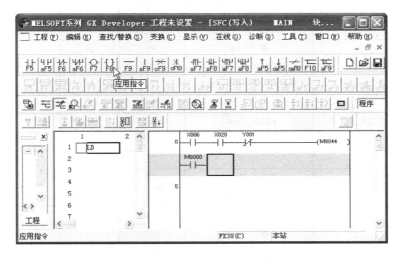

图 3-77　准备输入 IST 指令

（2）单击按钮或按 F8 键，在出现的"梯形图输入"对话框中输入"IST　X000　S20　S27"，如图 3-78 所示，单击"确定"按钮完成 IST 指令的输入。

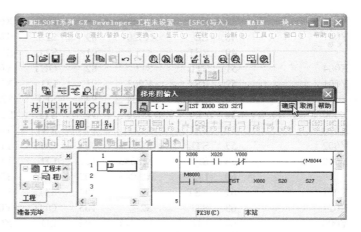

图 3-78　输入 IST 指令

（3）回到"块列表显示"，分别新建"手动"、"回原点"和"自动"SFC 块，按前面学过的方法依次输入图 3-73、图 3-74、图 3-75 所示 SFC 块程序，并将程序进行"批量变换/编译"。

2．系统安装

1）准备元件器材

机械手控制系统所需元件器材参见表 3-10。

表 3-10　元件器材表

序　号	名　　称	型 号 规 格	数　　量	单　位	备　　注
1	计算机		1	台	装有 GX Developer 编程软件
2	PLC	三菱 FX3U-48MR/ES	1	台	
3	安装板	600mm×900mm	1	块	网孔板
4	导轨	DIN	0.3	米	
5	空气断路器	Multi9 C65N D20	1	只	
6	熔断器	RT28-32	4	只	
7	转换开关	LW5D-16/3H	2	只	方式选择、运行/停止
8	控制变压器	JBK3-100　380V/220V	1	只	
9	按钮	LA39	9	只	
10	行程开关	YBLX-19/001	4	只	
11	中间继电器	3TH82-44/220V	5	只	控制执行元件
12	端子	D-20	25	只	
13	铜塑线	BV1/1.13mm^2	25	米	
14		BVR7/0.75mm^2	25	米	
15	紧固件	M4*20 螺杆	若干	只	
16		M4*12 螺杆	若干	只	
17		$\phi 4$ 平垫圈	若干	只	
18		$\phi 4$ 弹簧垫圈及 $\phi 4$ 螺母	若干	只	
19	号码管		若干	米	
20	号码笔		1	支	

2）安装接线

（1）按图 3-79 布置元器件。

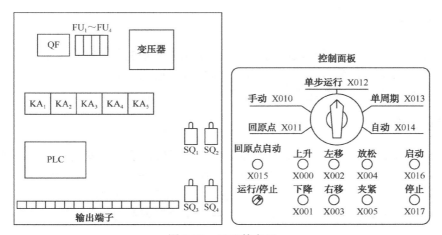

图 3-79　元器件布局

（2）按图 3-80 安装接线。

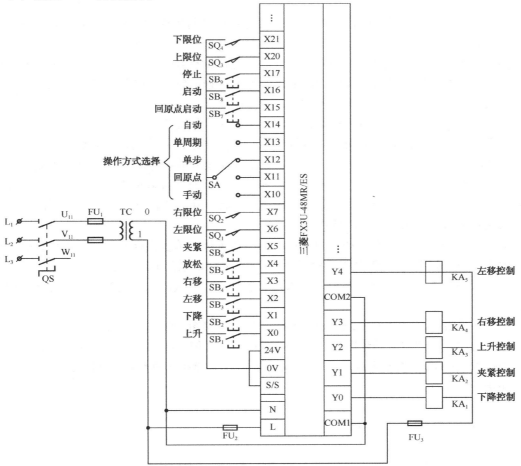

图 3-80　完整的系统图

3）写入程序并监控

将程序写入 PLC，并启动程序监控。

3. 系统调试

（1）在教师现场监护下进行通电调试，验证系统控制功能是否符合要求。

（2）如果出现故障，学生根据出现的故障现象独立检修相关电路或修改梯形图。

（3）系统检修完毕应重新通电调试，直至系统正常工作。

 拓展与延伸

将本控制系统设计为能 6 个方向运动的机械手，即机械手一个周期的运行过程为"前进"到前限位→"下降"到下限位→"夹紧"（夹紧时间为 1s）→"上升"到上限位→"后退"到后限位→"右移"到右限位→"前进"到前限位→"下降"到下限位→"放松"（放松时间为 1s）→"上升"到上限位→"后退"到后限位→"左移"到左限位。

  本章小结

本章主要介绍了三菱 FX3U 系列 PLC 的步进指令及与步进程序相关的置初始状态 IST 指令的用法。

步进指令是 PLC 专门为解决顺序控制问题而配置的专用指令，三菱 FX3U 系列 PLC 的步进指令尽管只有 STL 和 RET 两条，但用步进指令编程却能够简化复杂控制之间的交叉联系，使程序设计容易，且有条理清晰、方法规范的特点。

步进程序的结构可分为单流程、选择性分支和并行分支 3 种，程序设计时应根据具体问题灵活选用。步进程序设计时可先根据控制系统的控制过程将控制要求分解成一个个步序，步序又称状态，用状态元件 S 表示；然后再画出控制过程的状态流程图（或称状态转移图），并针对一个个状态来写出每个状态要完成的任务及向下一个状态转移的条件。在步进程序执行时，一般一个流程中只有一个状态相关的程序执行。执行中的状态称为被激活的状态，而其他未执行的状态称为未激活的状态。

设备的操作方式一般有手动、回原点、单周期执行、单步执行和自动连续运行等几种。为方便多操作方式 PLC 控制系统的程序设计，三菱 FX3U 系列 PLC 的指令系统中设置了专用的置初始状态 IST 指令，自动地分配输入点和各个操作方式的初始状态，大大简化了程序的设计。

另外，通过本章的学习要求能熟练地绘制状态转移图，掌握选择性分支和并行分支的分支和汇合方法，能将状态转移图转换成梯形图和指令语句，并能运用步进指令和 IST 指令设计多操作方式的 PLC 控制系统，在 GX Developer 编程软件中熟练绘制 SFC 块，并转换成梯形图和指令语句。

 本章习题与思考题

1．状态编程的特点是什么？状态转移图有哪几种基本结构？

2．三菱 FX3U 的状态元件可分哪几类？各有什么用途？

3．简述状态转移和状态跳转的区别。各用什么指令实现？

4．简述 STL 指令的作用。它和 LD 指令有何区别？

5．画出下列指令语句对应的状态转移图和梯形图。

0	LD	M8002	15	OUT	Y001	29	STL	S55	42	STL	S56
1	SET	S0	16	LD	X002	30	OUT	Y005	43	LD	X007
3	STL	S0	17	SET	S52	31	STL	S52	44	SET	S57
4	LD	X000	19	STL	S54	32	STL	S55	46	STL	S53
5	SET	S50	20	OUT	Y004	33	LD	X003	47	OUT	Y003
7	STL	S50	21	LD	X005	34	SET	S53	48	STL	S57
8	OUT	Y000	22	SET	S55	36	STL	S56	49	OUT	Y007
9	LD	X001	24	LD	X006	37	OUT	Y006	50	LD	X010
10	SET	S51	25	SET	S56	38	STL	S53	51	OUT	S0
12	SET	S54	27	STL	S52	39	LD	X004	53	RET	
14	STL	S51	28	OUT	Y002	40	SET	S57	54	END	

6．将图 3-81 所示状态转移图转换为可直接编程的形式，并画出其对应的梯形图，写出指令语句。

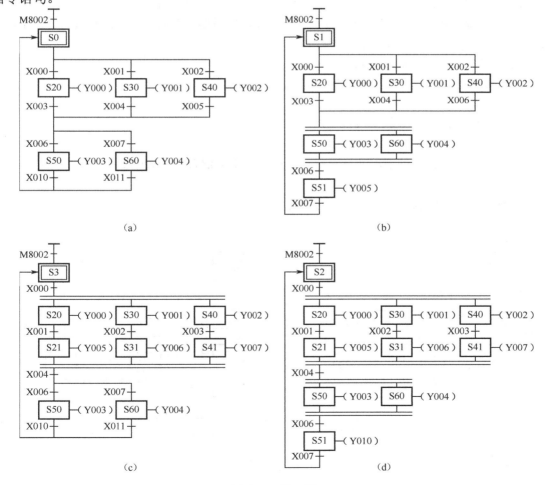

图 3-81　题 6 图

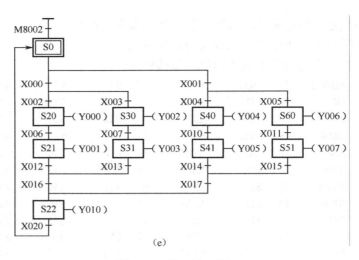

（e）

图 3-81　题 6 图（续）

7．画出图 3-82 所示状态转移图对应的梯形图，并写出指令语句。

8．有一制作咖啡的物料混合装置，制作一杯咖啡需要加入四种成分进行混合。按下启动按钮后，按以下顺序自动进行混合：

（1）热水阀打开，加热水 1s；

（2）加糖阀打开，加糖 2s，同时混合电动机启动；

（3）牛奶阀打开，加牛奶 1s；

（4）咖啡阀打开，加咖啡 2s；

（5）混合电动机再混合 2s 后结束；

（6）在混合过程中按下启动按钮不起作用，要重新混合一杯咖啡必须在一个循环结束后才能进行。

试设计其步进控制程序，并画出状态转移图。

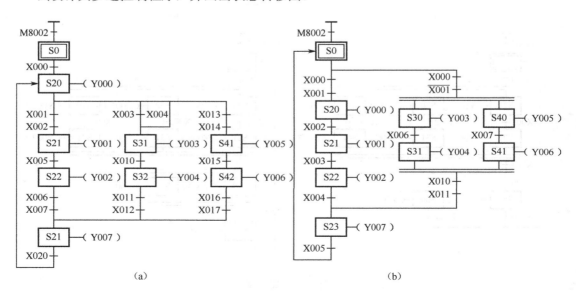

（a）　　　　　　　　　　　　　　　　　　（b）

图 3-82　题 7 图

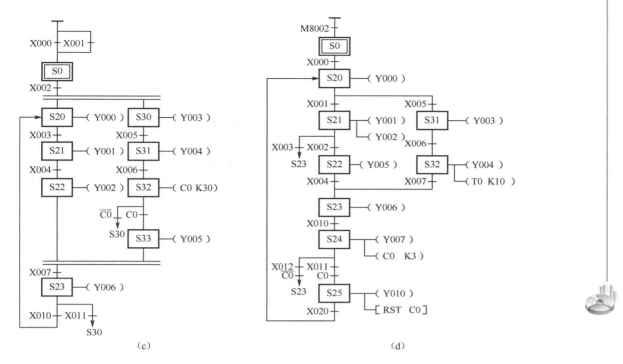

（c）　　　　　　　　　　　　（d）

图 3-82　题 7 图（续）

9．某原料皮带运输机示意图如图 3-83 所示，原料从料斗经过三台皮带运输机送出，料斗供料由电磁阀 YV 控制，三台皮带运输机分别由电动机 $M_1 \sim M_3$ 驱动，控制要求如下：

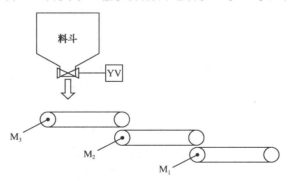

图 3-83　题 9 图

（1）启动时，为了避免在前段运输皮带上造成物料堆积，要求逆物料流动方向按 5s 的时间间隔顺序启动，启动顺序为 $M_1 \rightarrow M_2 \rightarrow M_3 \rightarrow YV$；

（2）停止时，为了使运输皮带上不残留物料，要求顺物料流动方向按 5s 的时间间隔顺序停止，停止顺序为 $YV \rightarrow M_3 \rightarrow M_2 \rightarrow M_1$；

（3）在运行过程中，若 M_1 过载，则 M_1、M_2、M_3、YV 同时停止；若 M_2 过载，则 M_2、M_3、YV 同时停止，M_1 延时 10s 后停止；若 M3 过载，则 M_3、YV 同时停止，M_2 延时 10s 后停止，M_1 在 M_2 停止后再延时 10s 停止；

（4）设置紧急停止按钮，出现紧急情况按下紧急停止按钮后 M_1、M_2、M_3、YV 无条件同时停止。

试设计其步进控制程序，并画出状态转移图。

10．有一自动运料车控制系统示意图如图3-84所示，其控制要求如下：

（1）小车由电动机驱动，电动机正转前进，反转后退。初始时小车停于左端，左限位开关 SQ_1 压合；

（2）按下启动按钮，小车开始装料（电磁阀 YV_1 得电），5s 后装料结束（电磁阀 YV_1 失电），小车前进至右端，压合右限位开关 SQ_2，开始卸料（电磁阀 YV_2 得电）；

（3）5s 后卸料结束（电磁阀 YV_2 失电），底门在弹簧作用下自动复位，底门限位开关 SQ_3 压合后，小车后退至左端，压合 SQ_1 再次开始装料……如此循环；

（4）设置预停按钮，小车在工作中若按下预停按钮，则小车完成一次循环后，停于初始位置。

试设计其步进控制程序，并画出状态转移图。

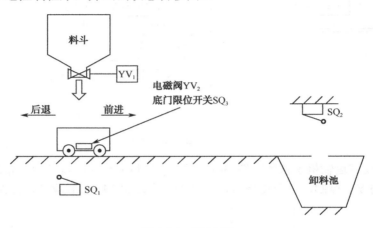

图 3-84　题 10 图

11．有一输送带自动控制系统如图3-85所示，控制要求如下：

（1）按下启动按钮 SB_1，电动机 M_1、M_2 启动，驱动输送带1、2工作，按下停止按钮 SB_2，输送带停车。

（2）当工件到达转运点 A 时，SQ_1 动作使输送带1停止，同时汽缸1动作，将工件推上输送带2。汽缸采用自动归位型，由电磁阀控制，得电动作，失电自动归位；SQ_2 用于检测汽缸1动作是否到位（汽缸归位后输送带方可启动，归位时间为 5s）。

（3）当工件到达搬运点 B 时，SQ_3 动作使输送带2停止，同时汽缸动作，将工件推上小车。SQ_4 用于检测汽缸2动作是否到位（汽缸归位后输送带方可启动，归位时间为 5s）。

（4）重复上述动作。

试设计其步进控制程序，并画出状态转移图。

12．有一转轴控制系统如图3-86所示，正转方向设有 SQ_1（小角度正转）和 SQ_2（大角度正转）两个位置开关，反转方向也设有 SQ_3（小角度反转）和 SQ_4（大角度反转）两个位置开关。起始时转轴停于原点位置（SQ_0 压合），按下启动按钮 SB 后转轴以"小角度正转→反转回原点（停 1s）→大角度正转→反转回原点（停 1s）→小角度反转→正转回原点（停 1s）→大角度反转→正转回原点（停 1s）→……"的顺序连续循环 8 次后自动停于原点位置。试设计其步进控制程序，并画出状态转移图。

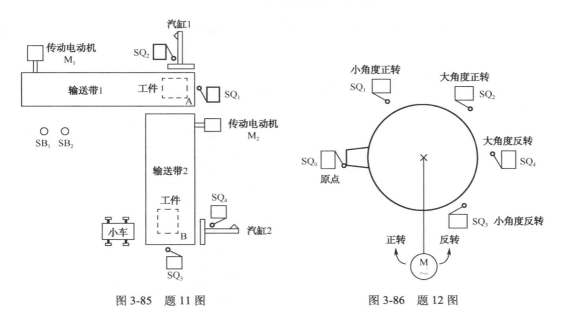

图 3-85　题 11 图　　　　　　图 3-86　题 12 图

13．有一物料自动混合系统如图 3-87 所示，其控制要求如下：

（1）初始状态。

容器是空的，电磁阀 F_1、F_2、F_3 和 F_4，搅拌电动机 M，液面传感器 L_1、L_2 和 L_3，加热器 H 均为 OFF。

（2）按下启动按钮，按以下顺序开始物料自动混合操作：

① 电磁阀 F_1 开启，开始注入物料 A，至高度 D_3（此时 L_3 为 ON）时关闭阀 F_1；同时开启电磁阀 F_2，注入物料 B，当液面上升至 D_2（此时 L_2、L_3 为 ON）时，关闭阀 F_2。

② 搅拌电动机和加热器 H 同时工作 10s。

③ 10s 后电磁阀 F_3 开启，开始注入物料 C，至高度 D_1（此时 L_1、L_2、L_3 为 ON）时关闭阀 F_3。

④ 启动搅拌电动机 M，使 A、B、C 三种物料混合 10s。

⑤ 10s 后停止搅拌，开启电磁阀 F_4，放出混合物料，当液面高度降至 D_3 后，再经过 5s 关闭电磁阀 F_4。

⑥ 重复上述动作。

（3）停止操作。

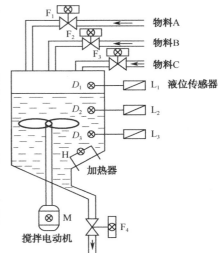

图 3-87　题 13 图

按下停止按钮，在当前过程完成以后，再停止操作，回到初始状态。

试设计该物料自动混合系统的步进控制程序，画出相应的状态转移图，要求该系统具有单步、单周期和自动连续运行 3 种运行方式。

14．某组合机床有两个动力头，它们的动作由液压电磁阀控制，其动作过程及对应的执行元件的状态如图 3-88 所示。SQ_0～SQ_6 为行程开关，YV_1～YV_7 为液压电磁阀。控制要求如下：

（1）初始时动力头停在原位（SQ_0、SQ_6 压合），按下启动按钮后，两动力头同时启动，分别执行各自的动作。

（2）当1号动力头到达 SQ_4 处，且2号动力头到达 SQ_5 处时，两个动力头才同时转入快退状态。

（3）两个动力头退回原位后，继续重复上一次动作。

试设计该组合机床动力头的步进控制程序，画出相应的状态转移图，要求该系统具有单步、单周期和自动连续运行3种运行方式。

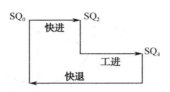

动作	执行元件		
	YV_5	YV_6	YV_7
快进	1	1	0
工进	1	0	1
快退	0	1	1

（a）1号动力头动作图表

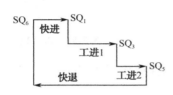

动作	执行元件			
	YV_1	YV_2	YV_3	YV_4
快进	0	1	1	0
工进1	1	1	0	0
工进2	0	1	1	1
快退	1	0	1	0

（b）2号动力头动作图表

图 3-88　题 14 图

第4章
可编程控制器功能指令的应用

本章学习目标

本章通过 5 个控制实例介绍了三菱 FX3U 系列可编程控制器的常用功能指令及应用方法。要求熟悉常用功能指令的指令格式及操作数，并能正确应用功能指令进行程序设计，逐步掌握常用功能指令的使用技巧，独立进行系统的安装和调试。

在现代工业控制中往往需要进行数据处理，而基本逻辑指令和步进指令都不具备这项功能；另外，基本逻辑指令和步进指令在编制控制元件较多系统的控制程序时，重复劳动多，较为烦琐。针对这一情况，作为在工业控制中占有重要地位的 PLC，引入了一些具有特殊功能的指令以方便用户编程和进行数据处理，这就是功能指令（Function Instruction），又称应用指令（Applied Instruction）。

三菱 FX3U 系列 PLC 的功能指令比以往 FX 系列其他类型 PLC 的功能指令更为丰富，共有 300 条，按功能号 FNC00～FNC299 编排，每条指令都有助记符，可分为程序流控制、传送比较、数据运算、移位与循环移位、数据与高速处理、方便指令、外部设备及通信和其他指令等多种类型。本章结合具体的控制实例介绍一些常用功能指令的用法。

4.1 花式喷泉控制系统

如今许多城市都在创建花园型城市，为美化城市环境，提高市民的生活质量，在市区的广场、公园等休闲、健身区域，各种各样的花式喷泉随处可见，其实这些喷泉的控制系统用 PLC 可以很容易实现，且能使喷泉花式变换的灵活度大大提高。本节就以一个简单的花式喷泉作为控制任务，学习数据传送和取反指令的用法。

4.1.1 控制任务及分析

1. 控制任务

喷泉有低水柱和高水柱两组喷头，高水柱喷头位于水池中央，低水柱喷头共有 8 个，分布在四周，并按 1～8 编号，其示意图如图 4-1 所示。

（1）按下启动按钮后，花式喷泉按如下方式循环：

高水柱 5s→停 1s→单号低水柱 5s→停 1s→双号低水柱 5s→停 1s→高、低水柱同时 5s→停 1s→重复上述过程。

（2）按下停止按钮，喷泉停止喷水。

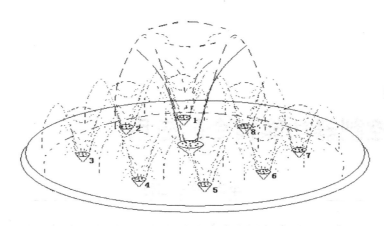

图 4-1　花式喷泉示意图

2. 控制任务分析

由控制任务可知，花式喷泉控制系统中控制对象较多，分别有 1 个高水柱喷头和 8 个低水柱喷头，为了简化控制程序，可以利用三菱 PLC 中的字元件，通过数据传送指令将特定数据传送到相应字元件，控制喷头的工作和停止。控制任务中低水柱喷头需要单号喷头和双号喷头分别工作，因此若控制单号喷头的数据是 K85（二进制为 01010101），则用取反指令将该数据取反后（二进制为 10101010）传送到相应字元件，正好可以控制双号喷头工作。控制任务中的时间控制仍采用定时器实现。下面先学习与本任务相关的基础知识。

4.1.2　相关基础知识

1. 位元件的组合

PLC 中只用于处理 ON/OFF 状态的元件称为位元件，如 X、Y、M、S 等；只用于处理数字数据的元件称为字元件，如 T、C 等。

三菱 FX3U 型 PLC 提供了将位元件组合成为字元件用于数据处理的功能。位元件组合采用 Kn 加首元件号的方式，每 4bit 为一个组合单元，n 为组数，即对于 16bit 的数据，n＝4，对于 32bit 的数据，n＝8。

例如，K2Y0 表示由连续的 Y0～Y7 组成的两个 4bit 组，可以存储 8bit 数据。若 K2Y0 中的数据为 K85（二进制数为 01010101），则相应各位的数据为：

	Y7	Y6	Y5	Y4	Y3	Y2	Y1	Y0
K2Y0:	0	1	0	1	0	1	0	1

可以看出数据 K85 存储于 K2Y0 中，由于位元件 Y0、Y2、Y4、Y6 为 1，所以输出 Y0、Y2、Y4、Y6 处于接通状态；而位元件 Y1、Y3、Y5、Y7 为 0，输出 Y1、Y3、Y5、Y7 处于断开状态。另外，为避免程序出错，已组合的位元件在编程时不要再另外单独使用。

当一个数据的长度大于传输至存储该数据的存储器的长度时，只传送相应的低位数据，而高位数据不传送；而当一个数据的长度小于传输至存储该数据的寄存器的长度时，同样将数据存储于存储器相应的低位，高位则保持为 0。例如，16bit 或 32bit 的数据传送给 K1Y0、K2Y0、K3Y0 时，只存储相应的 4 位、8 位和 12 位数据，其余高位则不传送。KnM、KnS 的用法与 KnY 相同，而 KnX 中的数据取决于各个位元件 X 的状态，位元件 X 为 ON，KnX 的对应位为 1；位元件 X 为 OFF，KnX 的对应位为 0。

2. 数据寄存器（D）

数据寄存器用于存储各种数据，每个数据寄存器均为 16bit，当需要存储 32bit 的数据时，可以将两个连续的数据寄存器合并起来使用。三菱 FX3U 系列 PLC 的数据寄存器可以分成以下几类。

1）通用数据寄存器

通用数据寄存器的元件编号为 D0～D199，共 200 点。每个数据寄存器可以存入 16bit 数据，当存入 32bit 数据时，则 D1 存入高 16bit，D0 存入低 16bit。

存入通用寄存器中的数据可以保持，直到写入新的数据。PLC 从"RUN"到"STOP"或掉电时，通用数据寄存器被自动清零。

2）断电保持数据寄存器

断电保持数据寄存器的元件编号为 D200～D7999，共 7800 点。PLC 从"RUN"到"STOP"或掉电时，存入断电保持数据寄存器的数据都将保持不变，直到存入新的数据。

3）特殊数据寄存器

特殊数据寄存器的元件编号为 D8000～D8511，共 512 点，用于存放监控 PLC 各元件的信息数据。PLC 上电时，特殊数据寄存器先全部清零，然后由系统 ROM 写入初始值。对于未定义的特殊数据寄存器，用户不得使用。

4）文件数据寄存器（R）和扩展文件数据寄存器（ER）

文件数据寄存器是一种专用的数据寄存器，用于存储大量的数据，如采集数据、统计计算数据、多组控制参数等。数据寄存器 D1000～D6999 共 7000 点，可以通过参数设定以 500 点为单位将其作为文件寄存器使用。

3. 数据传送指令

功能号：FNC 12
助记符：MOV、MOVP/DMOV、DMOVP
指令功能：将源数据传送到指定目标。
MOV 指令的应用举例如图 4-2 所示。

图 4-2　MOV 指令的应用举例

从图 4-2 可以看出，当 X0 接通时，将源操作数十进制常数 K85 自动转换为二进制数传送到 K2Y0 中，此时即使 X0 断开，K2Y0 中的数据仍保持不变，直到重新写入其他数据。

 说明：

（1）数据传送指令的操作元件如下。

① 源操作数[S.]：K、H，E，KnX，KnY，KnM，KnS，T，C，D，R，V、Z（变址

寄存器）。

② 目的操作数[D.]：KnY，KnM，KnS，T，C，D，R，V、Z。

（2）DMOV 是双字传送指令；MOVP/DMOVP 为脉冲数据传送指令，即只在触发信号上升沿到来时执行一个扫描周期，而 MOV/DMOV 指令则每个扫描周期都执行。

4．取反传送指令

功能号：FNC 14

助记符：CML、CMLP

指令功能：将源操作数取反后传送到指定目标。

CML 指令的应用举例如图 4-3 所示。

图 4-3　CML 指令的应用举例

从图 4-3 可以看出，当 X0 接通时，将源操作数十进制常数 K85 自动转换为二进制数，取反后（二进制为 10101010）传送到 K2Y0 中，此时即使 X0 断开，K2Y0 中的数据仍保持不变，直到重新写入其他数据。

 说明：

（1）取反传送指令的操作元件如下。

① 源操作数[S.]：K、H，KnX，KnY，KnM，KnS，T，C，R，D，V、Z。

② 目的操作数[D.]：KnY，KnM，KnS，T，C，D，R，V、Z。

（2）CMLP 为脉冲取反传送指令。

5．成批复位指令

功能号：FNC 40

助记符：ZRST、ZRSTP

指令功能：将指定区间内的元件成批复位。

ZRST 指令的应用举例如图 4-4 所示。

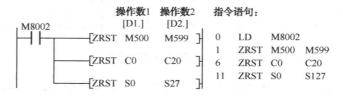

图 4-4　ZRST 指令的应用举例

从图 4-4 可以看出，当 PLC 运行时，将位元件 M500～M599、计数器 C0～C20 和状态元件 S0～S127 同时成批复位。

说明：

（1）区间复位指令的操作元件为操作数[D1.]、[D2.]：Y，M，S，T，C，D，R。

（2）[D1.]、[D2.]指定的元件必须是同类元件，一般作为 16bit 计数器处理，也可同时指定为 32bit 计数器。

（3）[D1.]指定的元件号一般应小于[D2.]指定的元件号，当大于或等于[D2.]指定的元件号时，只有[D1.]指定的元件一点复位。

4.1.3　输入/输出分配

1．输入/输出分配表

花式喷泉控制系统的输入/输出分配表参见表 4-1。

表 4-1　花式喷泉控制系统的输入/输出分配表

输　　入			输　　出		
元件	作用	输入点	输出点	元件	作用
SB_1	启动	X0	Y0～Y7	YV_1～YV_8	控制低水柱电磁阀
SB_2	停止	X1	Y10	YV_9	控制高水柱电磁阀

2．输入/输出接线图

用三菱 FX3U-48MR/ES 型可编程控制器实现花式喷泉控制系统的输入/输出接线，如图 4-5 所示。

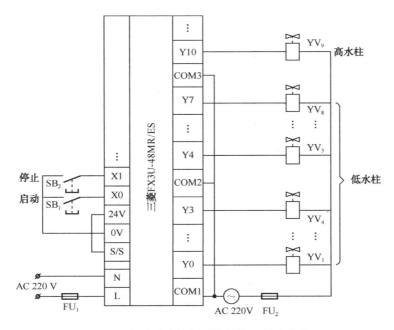

图 4-5　花式喷泉控制系统的输入/输出接线

三菱 FX3U 系列 PLC 前 16 点中 4 个输出点共用一个公共端 COM，后 8 点共用一个 COM 端，由于负载均为 AC 220V 阀用电磁铁，因此图 4-5 所示电路中将 3 个公共端 COM1～COM3 相连，并接入 AC 220V 电源。

4.1.4　程序设计

设计程序时，分别用字元件 K1Y10 和 K2Y0 控制高、低水柱。将 K1 送入 K1Y10 时，高水柱喷头喷水；将 K85 送入 K2Y0 时，低水柱双号喷头喷水；将 K85 取反后（也可以直接是 K90）送入 K2Y0 时，低水柱单号喷头喷水；高、低水柱喷头同时喷水时，将 K1 和 K255（使 K2Y0 为全 1）分别送入 K1Y10 和 K2Y0。花式喷泉控制程序如图 4-6 所示。

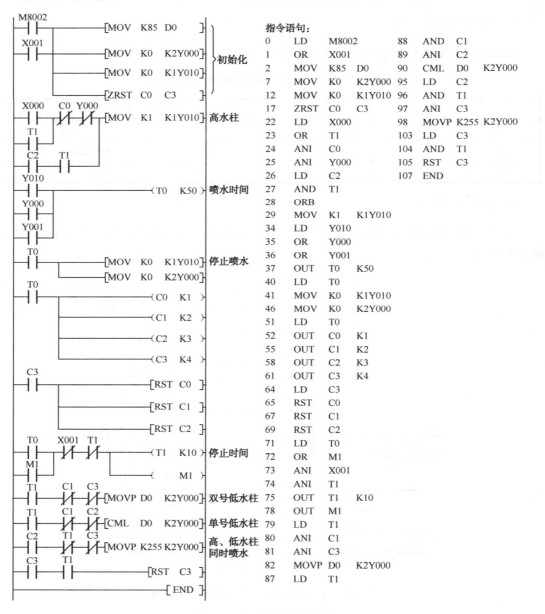

图 4-6　花式喷泉控制程序

图 4-6 中，根据控制任务首先对系统进行初始化，将 K1Y10 和 K2Y0 清零，将 K85 送入寄存器 D0，并用区间复位指令（ZRST）将计数器 C0～C3 复位。喷水时间由定时器 T0 控制，停止时间由定时器 T1 控制。为了控制花式喷泉系统按控制任务要求的顺序工作，用计数器 C0～C3 对定时器 T0 的常开触点进行计数，以确定送入 K1Y10 和 K2Y0 的数据。

花式喷泉的控制程序也可以采用基本逻辑指令和步进指令设计，读者可自行完成。

4.1.5　系统安装与调试

1．程序输入

（1）打开 GX Developer 编程软件，新建"花式喷泉控制"工程，输入图 4-6 所示程序至图 4-7 所示位置。

（2）单击应用指令按钮，在出现的"梯形图输入"对话框中输入"MOV　K85　D0"，若对指令不熟悉，可按"帮助"按钮查找相关指令，如图 4-8 所示。

图 4-7　准备输入 MOV 指令

图 4-8　输入"MOV"指令

（3）依次单击"确定"按钮，完成"MOV"指令的输入，并按同样方法输入图 4-6 所示程序至图 4-9 所示位置。

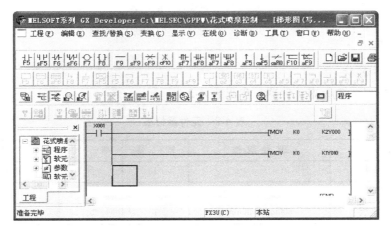

图 4-9　完成"MOV"指令的输入

（4）应用指令还可以通过键盘直接输入。将光标放在图 4-9 所示位置，通过键盘直接输入"ZRST C0 C3"，如图 4-10 所示。

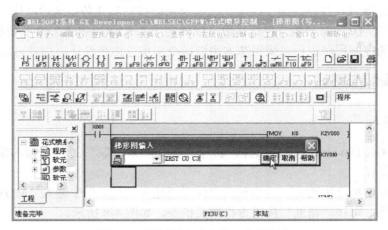

图 4-10 通过键盘直接输入应用指令

（5）按相同的方法可输入"CML"和"MOVP"指令，将图 4-6 所示程序输入完毕，如图 4-11 所示。

图 4-11 完成程序的输入

2. 系统安装

1）准备元件器材

花式喷泉控制系统所需元件器材参见表 4-2。

表 4-2 元件器材表

序 号	名 称	型 号 规 格	数 量	单 位	备 注
1	计算机		1	台	装有 GX Developer 编程软件
2	PLC	三菱 FX3U-48MR/ES	1	台	
3	安装板	600mm×900mm	1	块	网孔板
4	导轨	DIN	0.5	米	

续表

序　号	名　　称	型 号 规 格	数 　 量	单 　 位	备 　 注
5	空气断路器	Multi9 C65N D20 2P	1	只	
6	熔断器	RT28-32	4	只	
7	阀用电磁铁	FMJ1—3/220V	9	只	
8	控制变压器	JBK3-100　380V/220V	1	只	
9	按钮	LA4-3H	1	只	
10	端子	D-20	20	只	
11	铜塑线	BV1/1.13mm^2	25	米	
12		BVR7/0.75mm^2	10	米	
13	紧固件	M4*20 螺杆	若干	只	
14		M4*12 螺杆	若干	只	
15		ϕ4 平垫圈	若干	只	
16		ϕ4 弹簧垫圈及 ϕ4 螺母	若干	只	
17	号码管		若干	米	
18	号码笔		1	支	

2）安装接线

（1）按图 4-12 布置元器件。

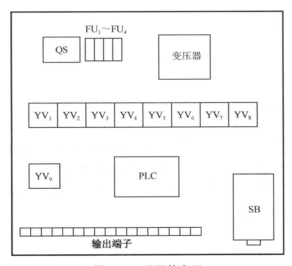

图 4-12　元器件布局

（2）按图 4-13 安装接线。

3）写入程序并监控

将程序写入 PLC，并启动监控。

3．系统调试

（1）在教师现场监护下进行通电调试，验证系统控制功能是否符合要求。

（2）如果出现故障，学生根据出现的故障现象独立检修相关电路或修改梯形图。

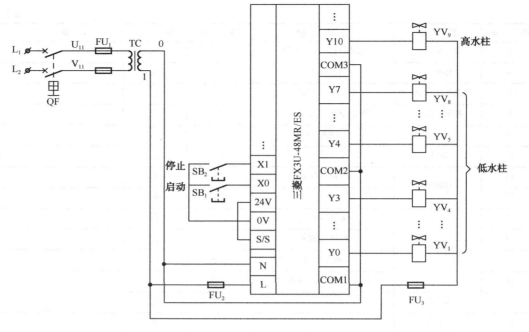

图 4-13　完整的系统图

（3）系统检修完毕应重新通电调试，直至系统正常工作。

 拓展与延伸

若要求将花式喷泉的控制系统改为单、双号低水柱交替循环 5 次后高、低水柱同时喷水，应该如何设计 PLC 控制程序？

4.2　广告牌饰灯控制系统

现代都市形形色色的广告牌随处可见，到了夜间往往还配有各具特色的灯光效果，给都市的夜晚增添了一道亮丽的风景。广告牌饰灯控制方式多种多样，用 PLC 不仅能方便地实现灯光控制，而且能使灯光的变化丰富多彩。下面介绍用 PLC 实现广告牌饰灯控制系统的方法。

4.2.1　控制任务及分析

1．控制任务

有一广告牌四周边框有 16 盏饰灯。要求：

（1）按下启动按钮 SB_1，16 盏饰灯 $HL_1 \sim HL_{16}$ 以 1s 的时间间隔正序依次流水点亮，循环两次。

（2）$HL_1 \sim HL_{16}$ 以 1s 的时间间隔反序依次流水点亮，循环两次。

（3）$HL_1 \sim HL_{16}$ 以 0.5s 的时间间隔依次正序点亮，直至全亮后再以 0.5s 的时间间隔反序依次熄灭，完成一次大循环。

（4）按上述过程不断循环，直至按下停止按钮 SB₂，16 盏饰灯全部熄灭。

2．控制任务分析

由控制任务可以看出，16 盏饰灯共有 3 种点亮方式，可编制 3 个相应的子程序通过子程序调用指令来实现。3 种控制方式都可以用移位指令来编制子程序，前两种控制方式应采用循环移位指令，开始时移入数据为 1，然后移入数据一直保持为 0，直至循环结束；对于第三种控制方式，在用移位指令编程时，应注意点亮时移入数据保持为 1，熄灭时移入数据则保持为 0。下面先来学习与本控制任务相关的一些功能指令的用法。

4.2.2　相关基础知识

1．加/减 1 指令

1）加 1 指令

功能号：FNC 24

助记符：INC、INCP/DINC、DINCP

指令功能：将目的操作元件中的二进制数自动加 1。

INC 指令的应用举例如图 4-14 所示。

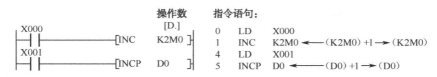

图 4-14　INC 指令的应用举例

从图 4-14 中可以看出，第一条指令当触发信号 X0 接通时，目的操作元件 K2M0 中的二进制数自动加 1 后仍保存在 K2M0 中，该指令（INC）为连续执行指令，触发信号为 ON，每个扫描周期都加 1。第二条指令当触发信号 X1 接通时，目的操作元件 D0 中的数据自动加 1后仍保存在 D0 中，该指令（INCP）为脉冲执行指令，仅当触发信号的上升沿到来时才加 1。

 说明：

（1）加 1 指令的操作元件为操作数[D.]：KnY，KnM，KnS，T，C，D，R，V、Z。

（2）INC、INCP 为 16 位加 1 指令，若在数+32767 上执行完该指令后运算结果为-32768，但标志位零、借位、进位（M8020～M8022）不动作。

（3）DINC、DINCP 为 32 位加 1 指令，若在数+2147483647 上执行完该指令后运算结果为-2147483648，但标志位零、借位、进位（M8020～M8022）不动作。

2）减 1 指令

功能号：FNC 25

助记符：DEC、DECP/DDEC、DDECP

指令功能：将目的操作元件中的二进制数自动减 1。

DEC 指令的应用举例如图 4-15 所示。

图 4-15　DEC 指令的应用举例

加 1 指令的执行情况和减 1 指令类似，这里不再重复。

 说明：

（1）减 1 指令的操作元件为操作数[D.]：KnY，KnM，KnS，T，C，D，R，V、Z。

（2）DEC、DECP 为 16 位加 1 指令，若在数−32768 上执行完该指令后运算结果为+32767，但标志位零、借位、进位（M8020～M8022）不动作。

（3）DDEC、DDECP 为 32 位加 1 指令，若在数−2147483648 上执行完该指令后运算结果为+2147483647，但标志位零、借位、进位（M8020～M8022）不动作。

2．位左/右移指令

1）位右移指令

功能号：FNC 34

助记符：SFTR、SFTRP

位数 n1：指定目的操作元件的位数；

位数 n2：指定源操作元件的位数和目的操作元件的移位位数；

指令功能：将 n1 位目的操作元件中的数据右移 n2 位，其低 n2 位溢出，高 n2 位由源操作数补入。

SFTR 指令的应用举例如图 4-16 所示。

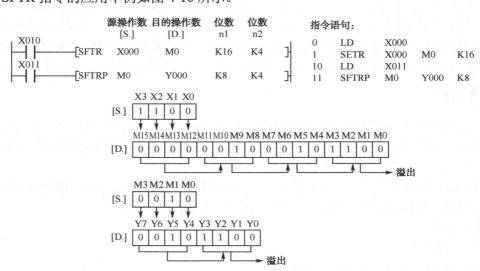

图 4-16　SFTR 指令的应用举例

从图 4-16 可以看出，第一条位右移指令由于 n2＝4，所以源元件为 X0～X3 共 4 位，移位的位数也为 4 位；而 n1＝16 决定了其目的元件为从 M0 开始的 16 位元件 M0～M15。当触发信号 X10 接通时，M0～M15 中的数据右移 4 位，M0～M3 中的数据溢出，X0～X3 中的数据移入 M12～M15。该指令（SFTR）采用了连续执行方式，当触发信号 X10 接通时，移位操作每个扫描周期执行一次。第二条位右移指令 n2 仍为 4，源元件由位元件 M0～M3 组成，目的元件由 8 个位元件 Y0～Y7 组成。当触发信号 X11 接通时，Y0～Y7 中的 8 位数据右移 4 位，低 4 位 Y0～Y3 溢出，M0～M3 中的数据移入高 4 位 Y4～Y7。该指令（SFTRP）采用脉冲执行方式，仅当触发信号 X11 的上升沿到来时执行。

 说明：

（1）位右移指令的操作元件如下。

源操作数[S.]：X，Y，M，D□.b；

目的操作数[D.]：Y，M，S；

位数 n1：K，H；

位数 n2：K、H、D、R，且 n2≤n1≤1024。

（2）当源操作数[S.]和目的操作数[D.]重复时，运算会出错。

2）位左移指令

功能号：FNC 35

助记符：SFTL、SFTLP

位数 n1：指定目的操作元件的位数；

位数 n2：指定源操作元件的位数和目的操作元件的移位位数；

指令功能：将 n1 位目的操作元件中的数据左移 n2 位，其高 n2 位溢出，低 n2 位由源操作数补入。

SFTL 指令的应用举例如图 4-17 所示。

位左移指令的执行情况和位右移指令类似，这里不再重复。

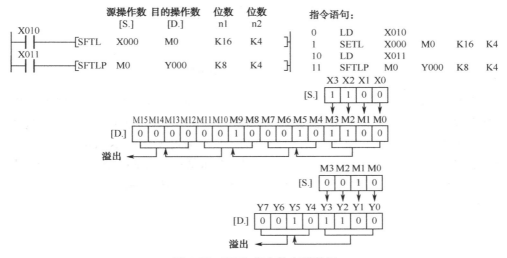

图 4-17　SFTL 指令的应用举例

 说明：

（1）位右移指令的操作元件如下。

源操作数[S.]：X，Y，M，D□.b；

目的操作数[D.]：Y，M，S；

位数 n1：K，H；

位数 n2：K、H、D、R，且 n2≤n1≤1024。

（2）当源操作数[S.]和目的操作数[D.]重复时，运算会出错。

3．循环移位指令

1）循环右移指令

功能号：FNC 30

助记符：ROR、RORP/DROR、DRORP

n：移位位数

指令功能：将目的操作数的内容循环右移"n"bit。

ROR 指令的应用举例如图 4-18 所示。

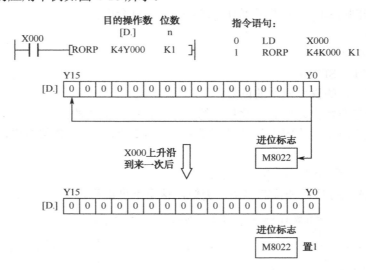

图 4-18　ROR 指令的应用举例

从图 4-18 可以看出，K4Y0 中的原数据为 1，当触发信号 X0 的上升沿到来时，K4Y0 中的数据循环右移 n=1 位，最低位"Y0"的数据"1"移入最高位"Y15"，同时移入进位标志 M8022，其余位的数据顺次右移一位，以后触发信号 X0 的上升沿每到来一次，K4Y0 中的数据就按同样方式循环右移 n=1 位。当移位位数 n 不为 1 时，则最后从最低位移出的数据存入进位标志 M8022。使用连续执行指令（ROR、DROR）时，循环移位操作每个扫描周期执行一次。

 说明：

循环右移指令的操作元件如下。

目的操作数[D.]：应为 16bit 或 32it 元件，即 K4Y□、K8Y□，K4M□、K8M□，K4S□、K8S□，T，C，D，R，V，Z；

位数 n：对于字指令（ROR、RORP），1≤n≤16；对于双字指令（DROR、DRORP），1≤n≤32。

2）循环左移指令

功能号：FNC 31

助记符：ROL、ROLP/DROL、DROLP

n：移位位数

指令功能：将目的操作数的内容循环左移"n"bit。

ROL 指令的应用举例如图 4-19 所示。

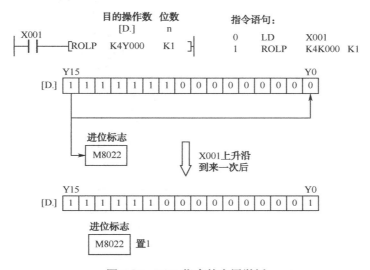

图 4-19　ROL 指令的应用举例

从图 4-19 可以看出，当触发信号 X1 的上升沿到来时，K4Y0 中的数据循环左移 n=1 位，最高位"Y15"的数据"1"移入最低位"Y0"，同时移入进位标志 M8022，其余位的数据顺次左移一位；触发信号 X0 的上升沿每到来一次，K4Y0 中的数据就按同样方式循环右移 n=1 位。当移位位数 n 不为 1 时，则最后从最高位移出的数据存入进位标志 M8022。使用连续执行指令（ROL、DROL）时，循环移位操作每个扫描周期执行一次。

 说明：

循环左移指令的操作元件如下。

目的操作数[D.]：应为 16bit 或 32it 元件，即 K4Y□、K8Y□，K4M□、K8M□，K4S□、K8S□，T，C，D，R，V、Z；

位数 n：对于字指令（ROL、ROLP），1≤n≤16；对于双字指令（DROL、DROLP），1≤n≤32。

4．解码指令

功能号：FNC 41

助记符：DECO、DECOP

指令功能：根据源操作数的内容及 n 的数值决定目的操作数的内容。

DECO 指令的应用举例如图 4-20 所示。

从图 4-20 可以看出，第一条解码指令由于 n=3，因此源元件由 M0～M2 三个位元件组成，其中只有 M2 位为 1，所存数据应为 4；当触发信号 X0 接通时，该指令将目的元件 M10 开始的 $2^n=8$ 位中 4 号位 M14 置 1，其余位为 0；第二条解码指令 n 仍为 3，源元件 D1 的低三位所存的数据为 4，当触发信号 X1 接通时，该指令将目的元件 D2 的 $2^n=8$ 位中 bit4 置 1，其余位为 0。

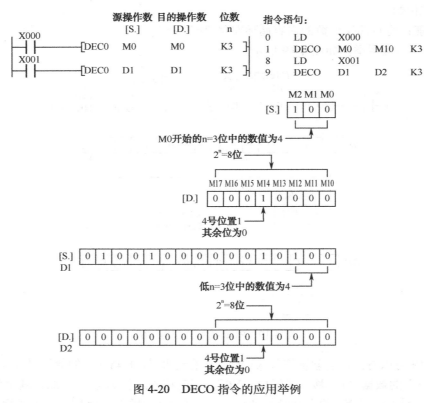

图 4-20　DECO 指令的应用举例

 说明：

（1）解码指令的操作元件如下。

源操作数[S.]：K、H，X，Y，M，S，T，C，D，R，V、Z；

目的操作数[D.]：Y，M，S，T，C，D，R；

位数 n：K、H，且 $1 \leqslant n \leqslant 8$。

（2）当 n=0 时，指令不执行；当 n>8 时，运算出错。

（3）〔S·〕指定的元件为位元件时，n 可以等于 8，此时指定的位数为 256 位；〔S·〕指定的元件为字元件时，n 应小于等于 4；当 n>4 时，运算会出错。

（4）当源元件和目的元件为同一类型的位元件时，应注意将它们错开，以免解码所需的软元件被占用，也不要与其他控制元件重复使用。

（5）DECO 为连续执行指令，当触发信号接通时，每个扫描周期执行一次；DECOP 为脉冲指令，仅当触发信号的上升沿到来时执行。

5．编码指令

功能号：FNC 42

助记符：ENCO、ENCOP

指令功能：在源操作数的 2^n 位中，将最高置 1 位的位号存入目的操作数的低 n 位。

ENCO 指令的应用举例如图 4-21 所示。

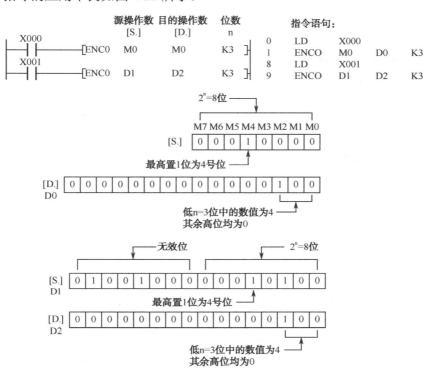

图 4-21　ENCO 指令的应用举例

从图 4-21 可以看出，第一条编码指令的源元件为 M0~M7，共 2^n=8 位（此时 n=3），最高置 1 位为 4 号位，所以当 X0 接通时，最高置 1 位的位号 4 就存入目的元件 D0 的低 3 位中，而 D0 的其余位均为 0。第二条编码指令的源元件 D1 为字元件，而此时的 n 也为 3，因此当 X1 接通时，该指令只将 D1 低 8 位中的最高置 1 位的位号 4 存入 D2 的低 3 位，对 D1 的高 8 位则忽略。D2 的其余高 13 位仍为 0。

说明：

（1）编码指令的操作元件如下。

源操作数[S.]：X，Y，M，S，T，C，D，R，V、Z；

目的操作数[D.]：T，C，D，R，V、Z；

位数 n：K、H，且 1≤n≤8。

（2）当 n=0 时，指令不执行；当 n>8 时，运算会出错。

（3）〔S·〕指定的元件为位元件时，n 可以等于 8，此时指定的位数为 256 位；〔S·〕指定的元件为字元件时，n 应小于等于 4；当 n>4 时，运算会出错。

（4）当指令触发信号为 OFF 时，指令不执行，保持上次编码结果不变，直到下一次执行该指令。

（5）ENCO 为连续执行指令，当触发信号接通时，每个扫描周期执行一次；ENCOP 为脉冲指令，仅当触发信号的上升沿到来时执行。

6. 子程序指令

1）子程序调用指令

功能号：FNC 01

助记符：CALL、CALLP

指令功能：调用子程序。

2）子程序返回指令

功能号：FNC 02

助记符：SRET

指令功能：从子程序返回主程序。

3）主程序结束指令

功能号：FNC 06

助记符：FEND

指令功能：结束主程序。

子程序指令的应用举例如图4-22所示。

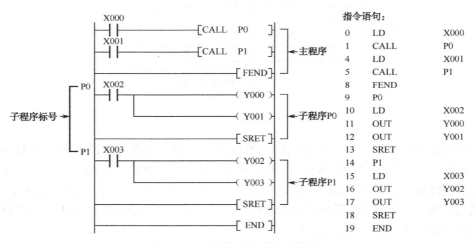

图 4-22　子程序指令的应用举例

　　子程序调用指令 CALL 安排在主程序段，主程序以 FEND 指令结束；子程序安排在主程序结束指令 FEND 之后，若主程序带有多个子程序或子程序嵌套使用时，子程序应以不同的标号 P 依次列出。图4-18中，当 X0 为 ON 时，程序转去执行指针标号为 P0 的子程序，此时若 X2 为 ON，则 Y0 和 Y1 接通，执行到 SRET 指令返回主程序继续执行；若 X1 为 ON，则又转到指针标号为 P1 的子程序执行，此时 X3 状态为 ON 时，Y2 和 Y3 接通，遇 SRET 指令返回主程序结束。

　　图4-22中，子程序调用指令采用的是连续执行（CALL）的形式，因此当触发信号保持 ON 状态不变时，程序每执行到该指令都转去相应的子程序执行，遇 SRET 指令返回主程序原断点继续执行；而当触发信号为 OFF 时，PLC 仅扫描主程序段，不再扫描子程序段。

　　当子程序调用指令采用脉冲触发（CALLP）形式时，则触发信号上升沿每到来一次，程序执行到该指令转去执行一次相应的子程序，以后即使触发信号保持为 ON，程序执行到该指令处时，也不再转去执行子程序，直到触发信号的下一个上升沿到来。

说明：

（1）子程序指针标号的范围为 P0～P62 或 P64～P4095（P63 为跳转指令专用），并应出现在主程序结束指令 FEND 之后，且同一指针标号在整个程序中只能出现一次。

（2）CALL 指令可重复调用同一指针编号的子程序。

（3）子程序可以嵌套使用，但嵌套总数不能超过 5 级。

（4）在子程序中应使用编号为 T192～T199 的专用定时器。

4.2.3　输入/输出分配

1．输入/输出分配表

广告牌饰灯控制系统的输入/输出分配参见表 4-3。

表 4-3　广告牌饰灯控制系统的输入/输出分配

输　入			输　出		
元件	作用	输入点	输出点	元件	作用
SB$_1$	启动	X0	Y0～Y15	HL$_1$～HL$_{16}$	广告牌饰灯
SB$_2$	停止	X1			

2．输入/输出接线图

用三菱 FX3U-48MR/ES 型可编程控制器实现广告牌饰灯控制系统的输入/输出接线，如图 4-23 所示。

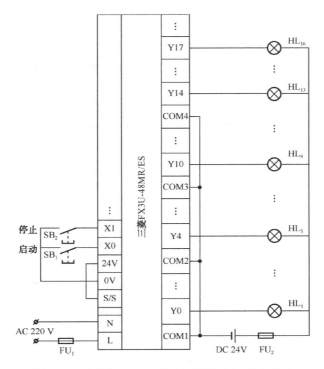

图 4-23　广告牌饰灯 PLC 控制系统输入/输出接线

4.2.4 程序设计

根据控制任务要求可分别编制三个相应的子程序 P0、P1 和 P2，通过调用子程序控制饰灯按要求点亮和熄灭。子程序 P0 通过标志位 M0 进行调用，并将 K1 送入 K4Y0 实现初始化，然后用循环左移指令实现饰灯正序流水点亮，计数器 C0 对 Y17 的下降沿计数，以保证 Y17 在点亮 1s 后，置位标志位 M1，并将 K0 送入 K4Y0，使所有饰灯均熄灭，以保证饰灯动作的流畅性，1s 后再调用子程序 P1 进入下一循环；子程序 P1 控制饰灯反序流水点亮，应先将 Y17 置 1，可通过将 K-32768 送入 K4Y0 实现，再用循环右移指令控制饰灯反序点亮，计数器 C1 控制循环次数，同样应用 Y0 的下降沿作为 C1 的计数信号；子程序 P2 用于控制饰灯正序逐个点亮，直至全亮和反序逐个熄灭，可用左/右移位指令实现，点亮时应注意移入数据要始终保持为 1，即移入位 M20 处于接通状态，而熄灭时移入数据应始终保持为 0，即移入位 M20 保持断开状态。程序中用计数器 C2 计数 1 次后，复位计数器 C1，使系统从头开始下一次循环。控制系统梯形图程序如图 4-24 所示。

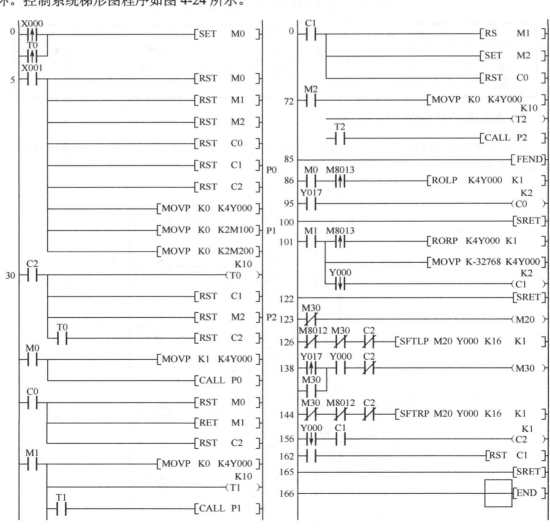

图 4-24　广告牌饰灯控制系统梯形图程序一

在设计程序时，应特别注意各子程序间的顺利过渡和计数器的复位。图 4-24 中，定时器 T0、T1 和 T2 的运用是为了保持饰灯在子程序过渡时动作的流畅性；子程序 P2 的设计，计数器 C2 计数信号的选择及各计数器的复位，请读者自行细细体会。图 4-24 所示梯形图程序对应的指令语句如下：

指令语句：

0	LDP	X000			86	P0				
2	ORP	T0			87	LD	M0			
4	SET	M0			88	ANDP	M8013			
5	LD	X001			90	ROLP	K4Y000	K1		
6	RST	M0			95	LDF	Y017			
7	RST	M1			97	OUT	C0	K2		
8	RST	M2			100	SRET				
9	RST	C0			101	P1				
11	RST	C1			102	LD	M1			
13	RST	C2			103	MPS				
15	MOVP	K0	K4Y000		104	ANDP	M8013			
20	MOVP	K0	K2M100		106	RORP	K4Y000	K1		
25	MOVP	K0	K2M200		111	MPP				
30	LD	C2			112	MOVP	K-32768	K4Y000		
31	OUT T0	K10			117	ANDF	Y000			
34	RST	C1			119	OUT	C1	K2		
36	RST	M2			122	SRET				
37	AND	T0			123	P2				
38	RST	C2			124	LDI	M30			
40	LD	M0			125	OUT	M20			
41	MOVP	K1	K4Y000		126	LD	M8012			
46	CALL	P0			127	ANI	M30			
49	LD	C0			128	ANI	C2			
50	RST	M0			129	SFTLP	M20	Y000	K16	K1
51	SET	M1			138	LDP	Y017			
52	RST	C2			140	OR	M30			
54	LD	M1			141	AND	Y000			
55	MOVP	K0	K4Y000		142	ANI	C2			
60	OUT	T1	K10		143	OUT	M30			
63	AND	T1			144	LD	M30			
64	CALL	P1			145	AND	M8012			
67	LD	C1			146	ANI	C2			
68	RST	M1			147	SFTRP	M20	Y000	K16	K1
69	SET	M2			156	LDF	Y000			
70	RST	C0			158	AND	C1			
72	LD	M2			159	OUT	C2	K1		
73	MOVP	K0	K4Y000		162	LD	C2			
78	OUT	T2	K10		163	RST	C1			
81	AND	T2			165	SRET				
82	CALL	P2			166	END				
85	FEND									

本控制任务的子程序 P0 和 P1 还可以运用译码指令（DECOP）和加 1/减 1 指令（INC/DEC）编写，子程序 P0 的编写比较简单，只需在初始时将 K0 送入 K2M100，并以 1s 的脉冲信号将其加 1，同时译码至 K4Y0 即可；子程序 P1 初始时先将 K0 送入 K2M200，减 1 后其值变为 K255，此时 K2M200 的低四位仍为 K15（二进制的 1111），译码后 Y17 点亮，不影响饰灯的动作，请在监控模式下细细观察体会。运用译码指令编写的控制系统梯形图程序如图 4-25 所示。

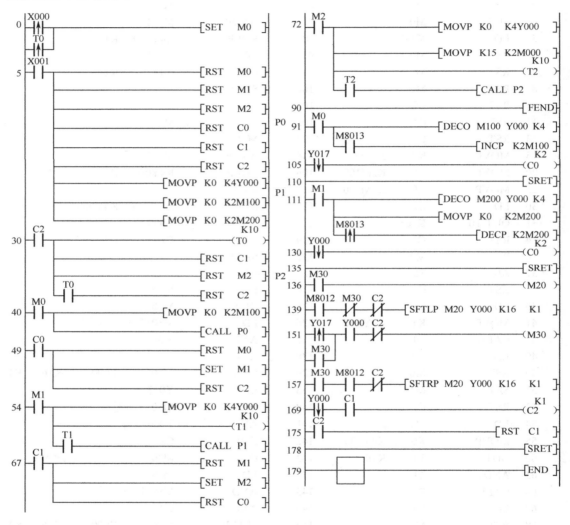

图 4-25　广告牌饰灯控制系统梯形图程序二

图 4-25 所示梯形图程序对应的指令语句如下：

0	LDP	X000	91	P0		
2	ORP	T0	92	LD	M0	
4	SET	M0	93	DECO	M100	Y000	K4
5	LD	X001	100	ANDP	M8013	
6	RST	M0	102	INCP	K2M100	
7	RST	M1	105	LDF	Y017	
8	RST	M2	107	OUT	C0	K2

9	RST	C0		110	SRET			
11	RST	C1		111	P1			
13	RST	C2		112	LD	M1		
15	MOVP	K0	K4Y000	113	DECO	M200	Y000	K4
20	MOVP	K0	K2M100	120	MOVP	K0	K2M200	
25	MOVP	K0	K2M200	125	ANDP	M8013		
30	LD	C2		127	DECP	K2M200		
31	OUT	T0	K10	130	LDF	Y000		
34	RST	C1		132	OUT	C1	K2	
36	RST	M2		135	SRET			
37	AND	T0		136	P2			
38	RST	C2		137	LDI	M30		
40	LD	M0		138	OUT	M20		
41	MOVP	K0	K2M100	139	LD	M8012		
46	CALL	P0		140	ANI	M30		
49	LD	C0		141	ANI	C2		
50	RST	M0		142	SFTLP	M20	Y000	K16	K1
51	SET	M1		151	LDP	Y017		
52	RST	C2		153	OR	M30		
54	LD	M1		154	AND	Y000		
55	MOVP	K0	K4Y000	155	ANI	C2		
60	OUT	T1	K10	156	OUT	M30		
63	AND	T1		157	LD	M30		
64	CALL	P1		158	AND	M8012		
67	LD	C1		159	ANI	C2		
68	RST	M1		160	SFTRP	M20	Y000	K16	K1
69	SET	M2		169	LDF	Y000		
70	RST	C0		171	AND	C1		
72	LD	M2		172	OUT	C2	K1	
73	MOVP	K0	K4Y000	175	LD	C2		
78	MOVP	K15	K2M200	176	RST	C1		
83	OUT	T2	K10	178	SRET			
86	AND	T2		179	END			
87	CALL	P2						
90	FEND							

4.2.5 系统安装与调试

1. 程序输入

（1）打开 GX Developer 编程软件，新建"广告牌饰灯控制"工程，输入图 4-24 所示梯形图程序至图 4-26 所示位置。

（2）单击按钮 🔲 或按 F8 键，在"梯形图输入"对话框中输入"CALL P0"，单击"确定"按钮；或直接通过键盘输入"CALL P0"，然后单击"确定"按钮，完成"CALL"指令的输入，如图 4-27 所示。

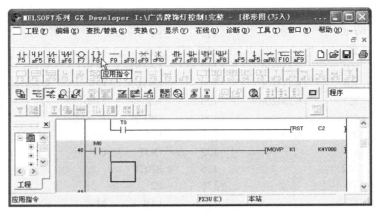

图 4-26 准备输入 "CALL" 指令

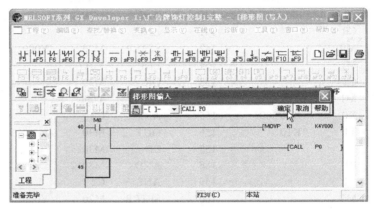

图 4-27 输入 "CALL" 指令

（3）按同样的方法输入 "CALL　P1" 和 "CALL　P2"，将控制程序输入至图 4-28 所示位置。"FEND"、"RORP" 和 "SRET" 等指令的输入方法也相同。

图 4-28 准备输入子程序编号

（4）将光标放在子程序 P0 的开始步号 "86" 处，并双击之，在 "梯形图输入" 对话框中输入 "P0"，如图 4-29 所示。

图 4-29　输入子程序编号"P0"

（5）按同样的方法将图 4-24 所示梯形程序输入完毕，如图 4-30 所示，其中功能指令和子程序编号的输入方法相同。

图 4-30　完成"广告牌饰灯"控制程序一的输入

2．系统安装

1）准备元件器材

广告牌饰灯控制系统所需元件器材参见表 4-4。

表 4-4　元件器材表

序　号	名　　称	型 号 规 格	数　量	单　位	备　注
1	计算机		1	台	装有 GX Developer 编程软件
2	PLC	三菱 FX3U-48MR/ES	1	台	
3	安装板	600mm×900mm	1	块	网孔板
4	导轨	DIN	0.3	米	
5	空气断路器	Multi9 C65N D20 2P	1	只	
6	熔断器	RT28-32	4	只	

续表

序　号	名　称	型号规格	数　量	单　位	备　注
7	指示灯	XB2-BVB3C 24V	8	只	绿色
8		XB2-BVB4C 24V	8	只	红色
9	控制变压器	JBK3-100　380V/220V	1	只	
10	直流开关电源	DC 24V、50W	1	只	
11	按钮	LA4-3H	1	只	
12	端子	D-20	25	只	
13	铜塑线	BV1/1.13mm²	15	米	
14		BVR7/0.75mm²	10	米	
15	紧固件	M4*20 螺杆	若干	只	
16		M4*12 螺杆	若干	只	
17		φ4 平垫圈	若干	只	
18		φ4 弹簧垫圈及 φ4 螺母	若干	只	
19	号码管		若干	米	
20	号码笔		1	支	

2）安装接线

（1）按图 4-31 布置元器件。

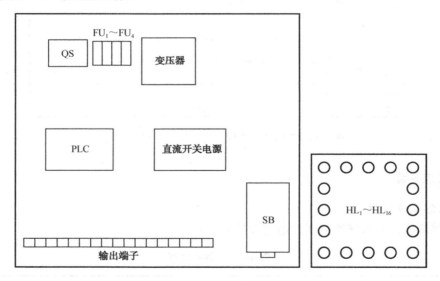

图 4-31　元器件布局

（2）按图 4-32 安装接线。

3）写入程序并监控

将程序写入 PLC，并启动程序监控。

3．系统调试

（1）在教师现场监护下进行通电调试，验证系统控制功能是否符合要求。

（2）如果出现故障，学生根据出现的故障现象独立检修相关电路或修改梯形图。

（3）系统检修完毕应重新通电调试，直至系统正常工作。

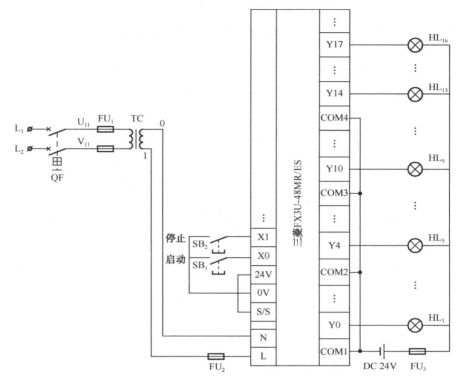

图 4-32　完整的系统图

 拓展与延伸

将广告牌饰灯控制系统中控制要求（3）改为：HL_1～HL_{16} 以 0.5s 的时间间隔反序依次点亮，直至全亮后，全灭 1s……如此循环两次；先全亮 1s 后，以 0.5s 的时间间隔正序依次熄灭，直至全灭……循环两次，分别用两个子程序实现。

4.3　小车多工位运料控制系统

在实际生产过程中，有时会遇到小车根据工作需要往返于多个工位运送物料的情况，在用继电器电路实现时，电气控制线路较复杂，故障率较高，而用 PLC 实现系统功能则可大大简化电气线路，且设计程序时运用比较指令能使程序清晰明了，增强程序的可读性。下面介绍用 PLC 实现小车多工位运料控制系统的方法。

4.3.1　控制任务及分析

1．控制任务

某车间有 5 个工位，小车往返运行于 5 个工位之间运送物料，如图 4-33 所示。每个工位设有一个到位开关 SQ 和一个呼叫按钮 SB。小车由三相交流异步电动机拖动，初始时若小车不在工位，可通过手动调整功能使小车停于某一工位。设小车现停于 n 号工位（到位开关 SQ_n 压合），这时 m 号工位呼叫（呼叫按钮 SB_m 动作）。要求：

（1）若 $m>n$，则小车左行，直至 SQ_m 动作到位停车 5s。若 $m<n$，则小车右行，直至 SQ_m 动作到位停车 5s。若 $m=n$，则小车原地不动。

（2）小车按同向优先响应的原则依次响应各呼叫信号，直至所有工位均无呼叫信号为止。

（3）具有短路保护和电动机过载保护等必要的保护措施。

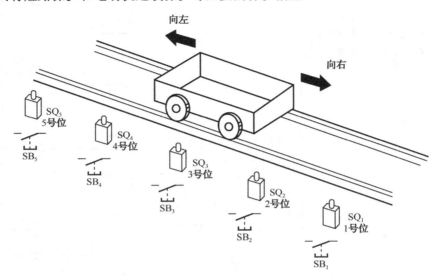

图 4-33 小车多工位运料系统示意图

2．控制任务分析

由控制任务可知，小车的左行和右行取决于小车停靠工位与呼叫工位之间的位置关系，若呼叫工位在停靠工位的左端，则小车左行，若呼叫工位在停靠工位的右端，则小车右行。在设计程序时，可将 5 个工位从右至左依次编号为 1～5，以到位开关 SQ 作为触发信号将小车停靠工位的位号存储在寄存器 D0 中，再以呼叫按钮 SB 作为触发信号将呼叫工位的位号存储在寄存器 D1 中，然后系统将寄存器 D0、D1 中的数据进行比较，根据比较结果来控制小车的运行方向。下面先来学习与本控制任务相关的比较指令的用法。

4.3.2 相关基础知识

三菱 FX3U 型 PLC 的比较指令有触点比较指令和功能比较指令两类。

1．触点比较指令

在使用触点比较指令时，可将每条指令都视为一个触点，触点是否为"ON"取决于比较结果，因此十分形象直观、简单方便，很受程序设计人员的欢迎。触点比较指令依据其在梯形图中的位置可分成 LD 类、OR 类和 AND 类三类，其触点在梯形图中的位置含义与普通触点相同。

1）LD 类触点比较指令

LD 类触点比较指令是用于从左母线直接开始的触点比较指令，即该触点比较指令为支路上与左母线相连的首个触点。其用法参见表 4-5。

表 4-5　LD 类触点比较指令的用法

功 能 号	16bit 助记符	32bit 助记符	操 作 数		接 通 条 件	断 开 条 件
			[S1 .]	[S2 .]		
FUN 224	LD =	LDD =	K、H、KnH、KnY、KnM、KnS、 T、C、D、R、V、Z		[S1 .]= [S2 .]	[S1 .]<>[S2 .]
FUN 225	LD >	LDD >			[S1 .] > [S2 .]	[S1 .]<=[S2 .]
FUN 226	LD <	LDD <			[S1 .] < [S2 .]	[S1 .]> =[S2 .]
FUN 228	LD <>	LDD <>			[S1 .]<>[S2 .]	[S1 .]= [S2 .]
FUN 229	LD <=	LDD <=			[S1 .]<= [S2 .]	[S1 .] > [S2 .]
FUN 230	LD >=	LDD >=			[S1 .]> [S2 .]	[S1 .] < [S2 .]

LD 类触点比较指令的应用举例如图 4-34 所示。

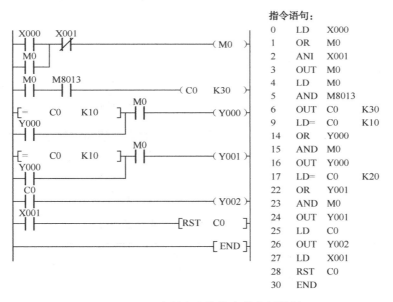

指令语句：

```
0    LD    X000
1    OR    M0
2    ANI   X001
3    OUT   M0
4    LD    M0
5    AND   M8013
6    OUT   C0     K30
9    LD=          K10
14   OR    Y000
15   AND   M0
16   OUT   Y000
17   LD=   C0     K20
22   OR    Y001
23   AND   M0
24   OUT   Y001
25   LD    C0
26   OUT   Y002
27   LD    X001
28   RST   C0
30   END
```

图 4-34　LD 类触点比较指令的应用举例

从图 4-34 可以看出，按下 X0，M0 接通并保持，C0 开始计数；当 C0 中的当前值为 K10 时，即 M0 接通 10s 后，Y0 接通并保持；当 C0 中的当前值为 K20 时，即 M0 接通 20s 后，Y1 接通并保持；当 C0 计数达到设定值时，即 M0 接通 30s 后，Y2 接通并保持，直到按下 X1，M0 断开，计数器 C0 复位。

在应用 LD 类触点比较指令实现顺序控制时，一个计数器和触点比较指令相配合实际上起到了 3 个定时器的作用，使编程更为方便，程序更为简洁清晰。

2）OR 类触点比较指令

OR 类触点比较指令是用于并联触点的比较指令，其用法参见表 4-6。

表 4-6 OR 类触点比较指令的用法

功 能 号	16bit 助记符	32bit 助记符	操 作 数 [S1.]	[S2.]	接 通 条 件	断 开 条 件
FUN 240	OR =	ORD =			[S1.]= [S2.]	[S1.]<>[S2.]
FUN 241	OR >	ORD >			[S1.]>[S2.]	[S1.]<=[S2.]
FUN 242	OR <	ORD <	K、H、KnH、KnY、KnM、KnS、		[S1.]<[S2.]	[S1.]>=[S2.]
FUN 244	OR <>	ORD <>	T、C、D、R、V、Z		[S1.]<>[S2.]	[S1.]= [S2.]
FUN 245	OR <=	ORD <=			[S1.]<=[S2.]	[S1.]>[S2.]
FUN 246	OR >=	ORD >=			[S1.]>=[S2.]	[S1.]<[S2.]

OR 类触点比较指令的应用举例如图 4-35 所示。

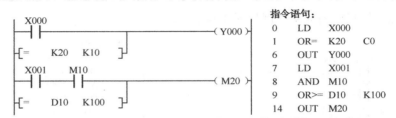

图 4-35 OR 类触点比较指令的应用举例

从图 4-35 可以看出，当 X0 为 ON 或计数器 C0 的当前值为 K20 时，输出 Y0 接通；当 X1 和 M10 都为"ON"或 D10 中的数据大于或等于 K100 时，M20 接通。

3）AND 类触点比较指令

AND 类触点比较指令是用于串联触点的比较指令，其用法参见表 4-7。

表 4-7 AND 类触点比较指令的用法

功 能 号	16bit 助记符	32bit 助记符	操 作 数 [S1.]	[S2.]	接 通 条 件	断 开 条 件
FUN 232	AND =	ANDD =			[S1.]= [S2.]	[S1.]<>[S2.]
FUN 233	AND >	ANDD >			[S1.]>[S2.]	[S1.]<=[S2.]
FUN 234	AND <	ANDD <	K、H、KnH、KnY、KnM、KnS、		[S1.]<[S2.]	[S1.]>=[S2.]
FUN 236	AND <>	ANDD <>	T、C、D、R、V、Z		[S1.]<>[S2.]	[S1.]= [S2.]
FUN 237	AND <=	ANDD <=			[S1.]<=[S2.]	[S1.]>[S2.]
FUN 238	AND >=	ANDD >=			[S1.]>=[S2.]	[S1.]<[S2.]

AND 类触点比较指令的应用举例如图 4-36 所示。

从图 4-36 可以看出，首先将 D0、D1 中的数据进行比较，若 D0 中的数据大于或等于 D1 中的数据，则再将 D0 中的数据和 D2 中的数据比较，若 D0 中的数据大于或等于 D2 中的数据，则将 D0 中的数据存入 D3，若 D0 中的数据小于 D2 中的数据，则将 D2 中的数据存入 D3；若 D0 中的数据小于 D1 中的数据，则再将 D1 中的数据和 D2 中的数据比较，若 D1 中的数据大于等于 D2 中的数据，则将 D1 中的数据存入 D3，若 D1 中的数据小于 D2 中的数据，则将 D2 中的数据存入 D3。不难看出，图 4-36 所示的程序实际上是通过触点比较指令求出三个寄存器 D0、D1 和 D2 中最大的数据，并将其存入寄存器 D3 中。

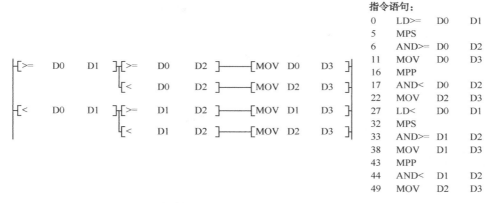

```
指令语句:
0    LD>=    D0    D1
5    MPS
6    AND>=   D0    D2
11   MOV     D0    D3
16   MPP
17   AND<    D0    D2
22   MOV     D2    D3
27   LD<     D0    D1
32   MPS
33   AND>=   D1    D2
38   MOV     D1    D3
43   MPP
44   AND<    D1    D2
49   MOV     D2    D3
```

图 4-36　AND 类触点比较指令的应用举例

 说明：

（1）若源操作数的最高位为 1，其值为负值，则比较时按负值进行比较。

（2）比较时若有 32bit 计数器，务必使用 32bit 指令，若用 16bit 指令会导致程序出错或运算出错。

2. 功能比较指令

1）比较指令

功能号：FNC 10

助记符：CMP、CMPP/DCMP、DCMPP

指令功能：对两个源操作数进行比较，并根据比较结果将相应的目的标志位置 1。

比较指令的应用举例如图 4-37 所示。

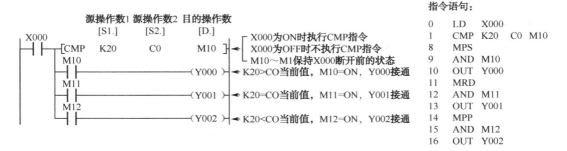

```
指令语句:
0    LD    X000
1    CMP   K20  C0  M10
8    MPS
9    AND   M10
10   OUT   Y000
11   MRD
12   AND   M11
13   OUT   Y001
14   MPP
15   AND   M12
16   OUT   Y002
```

图 4-37　比较指令的应用举例

从图 4-37 可以看出，当 X0 为 ON 时，执行 CMP 比较指令比较源操作数[S1.]和[S2.]的大小，根据源操作数[S1.]和[S2.]之间的大小关系确定目的操作数[D.]（M10～M12）的状态。当 K20 大于 C0 的当前值时，M10 为 ON；当 K20 等于 C0 的当前值时，M11 为 ON；当 K20 小于 C0 的当前值时，M12 为 ON。当 X0 为 OFF 时，停止执行 CMP 比较指令，但 M10～M12 保持 X0 断开前的比较结果所产生的状态。若要清除前面的比较结果，可采用图 4-38 所示的方法将 M10～M12 复位。

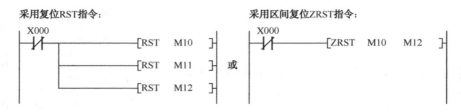

图 4-38　清除比较结果

 说明：

（1）功能比较指令的操作元件如下。

源操作数[S1.]、[S2.]：K、H，KnX，KnY，KnM，KnS，T，C，D，R，V、Z。

目的操作数[D.]：Y，M，S，D□.b。

（2）比较指令的源数据均按二进制处理，数据比较为代数值（带符号数）比较，因此，在数据最高位为 1（负数）的情况下，判断比较结果时应特别注意。

（3）当出现比较指令的操作数不完整或指定操作数的元件号超出允许范围等情况时，比较指令即会出错。

2）区间比较指令

功能号：FNC 11

助记符：ZCP、ZCPP/DZCP、DZCPP

指令功能：将一个数据与两个源操作数进行比较，并根据比较结果将相应的目的标志位置 1。

区间比较指令的应用举例如图 4-39 所示。

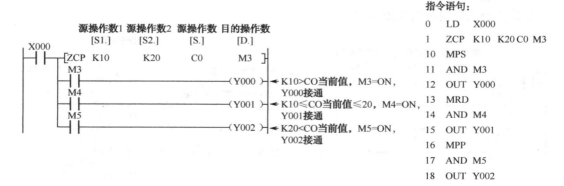

图 4-39　区间比较指令的应用举例

从图 4-39 可以看出，当 X0 为 ON 时，执行 ZCP 区间比较指令，将源操作数[S.]与源操作数[S1.]、[S2.]组成的区间内的数据进行代数（带符号）比较。当 C0 的当前值在[S1.]、[S2.]组成的区间范围内（K10≤C0）且当前值小于或等于 K20 时，软元件 M4 动作；当 C0 的当前值在区间（K10≤C0）以下，即 C0 当前值小于 K10 时，软元件 M3 动作；而当 C0 的当前值在区间（K10≤C0）以上，即 C0 当前值大于 K20 时，软元件 M5 动作。

 说明：

（1）功能比较指令的操作元件如下。

源操作数[S1.]、[S2.]、[S.]：K，H，KnX，KnY，KnM，KnS，T，C，D，R，V、Z。

目的操作数[D.]：Y，M，S，D□.b。

（2）区间比较指令的源数据也均按二进制处理，数据比较为代数值（带符号数）比较。

（3）当区间比较指令的触发信号为 OFF 时，不执行 ZCP 指令，目的操作数的软元件保持触发信号断开前的状态不变。

4.3.3 输入/输出分配

1. 输入/输出分配表

小车多工位运料控制系统的输入/输出分配参见表 4-8。

表 4-8 小车多工位运料控制系统的输入/输出分配表

输　入			输　出		
元件	作用	输入点	输出点	元件	作用
SB₁	1 号工位呼叫	X0	Y0	KM₁	小车左行
SB₂	2 号工位呼叫	X1	Y1	KM₂	小车右行
SB₃	3 号工位呼叫	X2			
SB₄	4 号工位呼叫	X3			
SB₅	5 号工位呼叫	X4			
SB₆	手动位置调整	X5			
SQ₁	1 号工位到位开关	X6			
SQ₂	2 号工位到位开关	X7			
SQ₃	3 号工位到位开关	X10			
SQ₄	4 号工位到位开关	X11			
SQ₅	5 号工位到位开关	X12			

2. 输入/输出接线图

用三菱 FX3U-48MR/ES 型可编程控制器实现小车多工位运料控制系统的输入/输出接线，如图 4-40 所示。

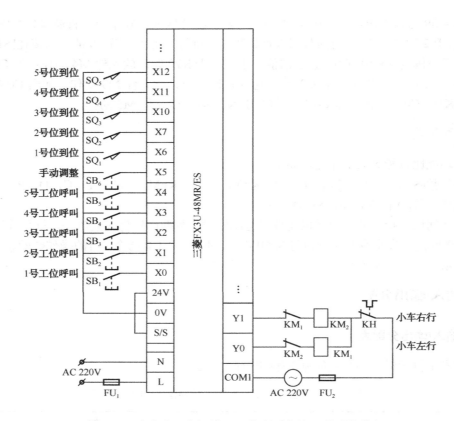

图 4-40　小车多工位运料 PLC 控制系统输入/输出接线

4.3.4　程序设计

　　根据控制任务要求可将小车停靠工位从右至左依次编号为 1～5。系统工作时，先以初始化脉冲 M8002 作为触发信号，将存放小车停靠工位号和呼叫小车工位号的寄存器清零，使整个系统初始化；然后运用数据传送指令将小车停靠工位号和呼叫小车工位号分别存入相应的寄存器，并通过比较指令比较小车呼叫工位号和停靠工位号数据的大小，以确定小车的运行方向。若呼叫工位号>停靠工位号，则输出 Y1 接通，电动机反转，小车右行；若呼叫工位号=停靠工位号，则小车原地不动；若呼叫工位号<停靠工位号，则输出 Y0 接通，电动机正转，小车左行。该控制系统梯形图程序如图 4-41 所示。

　　从图 4-41 可以看出，系统上电时通过区间复位指令首先将系统涉及的寄存器（D0～D5）清零并初始化，然后将小车当前位置工位号存入 D0 中；若小车停靠不到位（M5 处于接通状态），则应首先通过手动调整按钮（X5）将小车停于某一工位。小车呼叫工位号分别存入 D1～D5 中，当无呼叫工位（D1～D5 中的数据均为 0）信号时，小车停靠在任何一个工位都不能使 M1、M2 接通，小车停于原位不动。小车左行时无须考虑 1 号工位，因为 D1 不可能大于D0；同理，小车右行时也不需考虑 5 号工位，因为 D5 同样不可能小于 D0。

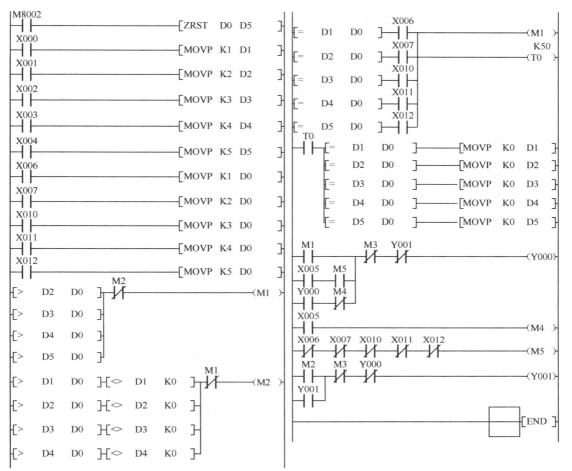

图 4-41　小车多工位运料控制系统梯形图程序

当小车运行至呼叫位时，当前位呼叫数据寄存器中的数据和 D0 中的数据相等，且当前工位位置开关闭合，M3 接通，小车停止，5s 后继续执行下一个呼叫信号，同时解除当前位呼叫信号（当前位呼叫数据寄存器清零）。由于小车的右行是通过判断 D1～D4 中的数据是否小于 D0 中的数据实现的，所以 D1～D4 中等于 0 的数据不应参与对 M2 的控制，以保证系统的正常工作。图 4-41 所示梯形图程序对应的指令语句如下：

0	LD	M8002		109	LD<	D3	D0	200	MOVP	K0 D3
1	ZRST	D0	D5	114	AND<>	D3	D0	205	MRD	
6	LD	X000		119	ORB			206	AND=	D4 D0
7	MOVP	K1	D1	120	LD<	D4	D0	211	MOVP	K0 D4
12	LD	X001		125	AND<>	D4	K0	216	MPP	
13	MOVP	K2	D2	130	ORB			217	AND=	D5 D0
18	LD	X002		131	ANI	M1		222	MOVP	K0 D5
19	MOVP	K3	D3	132	OUT	M2		227	LD	M1
24	LD	X003	D4	133	LD=	D1	D0	228	LD	X005
25	MOVP	K4	D4	138	AND	X006		229	AND	M5
30	LD	X004		139	LD=	D2	D0	230	ORB	
31	MOVP	K5	D5	144	AND	X007		231	LD	Y000

36	LD	X0006		145	ORB			232	ANI	M4
37	MOVP	K1	D0	146	LD=	D3	D0	233	ORB	
42	LD	X007		151	AND	X010		234	ANI	M3
43	MOVP	K2	D0	152	ORB			235	ANI	Y001
48	LD	X010		153	LD=	D4	D0	236	OUT	Y000
49	MOVP	K3	D0	158	AND	X011		237	LD	X005
54	LD	X011		159	ORB			238	OUT	M4
55	MOVP	K4	D0	160	LD=	D5	D0	239	LDI	X006
60	LD	X012		165	AND	X012		240	ANI	X007
61	MOVP	K5	D0	166	ORB			241	ANI	X010
66	LD>	D2	D0	167	OUT	M3		242	ANI	X011
71	OR>	D3	D0	168	OUT	T0	K50	243	ANI	X012
76	OR>	D4	D0	171	LD	T0		244	OUT	M5
81	OR>	D5	D0	172	MPS			245	LD	M2
86	ANI	M2		173	AND=	D1	D0	246	OR	Y001
87	OUT	M1		178	MOVP	K0	D1	247	ANI	M3
88	LD<	D1	D0	183	MRD			248	ANI	Y000
93	AND<>	D1	K0	184	AND=	D2	D0	249	OUT	Y001
98	LD<	D2	D0	189	MOVP	K0	D2	250	END	
103	AND<>	D2	K0	194	MRD					
108	ORB			195	AND=	D3	D0			

同样，按照图 4-41 的编程思路采用 CMP 比较指令也可实现本控制任务，但应注意各工位比较指令使用的触点参数最好有所标识。例如，1 号工位 D1 和 D0 的比较结果由以 M10 开始的 3 个触点表示，2 号工位 D2 和 D0 的比较结果由以 M20 开始的 3 个触点表示……。这样既可增加程序的可读性，又可在编程时避免出错。

4.3.5　系统安装与调试

1.　程序输入

输入图 4-41 所示梯形图程序，其中涉及的所有功能指令的输入方法与前面介绍的方法相同，如图 4-42 所示。

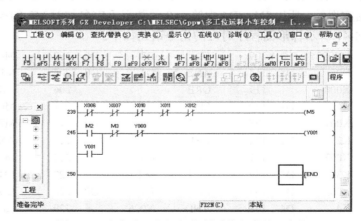

图 4-42　小车多工位运料控制系统程序输入完毕

2. 系统安装

1）准备元件器材

小车多工位运料控制系统所需元件器材参见表 4-9。

表 4-9 元件器材

序 号	名 称	型 号 规 格	数 量	单 位	备 注
1	计算机		1	台	装有 GX Developer 编程软件
2	PLC	三菱 FX3U-48MR/ES	1	台	
3	安装板	600mm×900mm	1	块	网孔板
4	导轨	DIN	0.3	米	
5	空气断路器	Multi9 C65N D20 3P	1	只	
6	控制变压器	JBK3-100　380V/220V	1	只	
7	熔断器	RT28-32	7	只	
8	接触器	NC3—09/220V	2	只	
9	热继电器	NR4—63（1-1.6A）	1	只	
10	三相异步电动机	JW6324-380V 250W 0.85A	1	只	
11	按钮	XB2-BA31C	5	只	
12	行程开关	YBLX-19/001	5	只	
13	端子	D-20	20	只	
14		BV1/1.13mm^2	25	米	
15	铜塑线	BVR7/0.75mm^2	15	米	
16					
17		M4*20 螺杆	若干	只	
18	紧固件	M4*12 螺杆	若干	只	
19		ϕ4 平垫圈	若干	只	
20		ϕ4 弹簧垫圈及 ϕ4 螺母	若干	只	
21	号码管		若干	米	
22	号码笔		1	支	

2）安装接线

（1）按图 4-43 布置元器件。

（2）按图 4-44 安装接线。

3）写入程序并监控

将程序写入 PLC，并启动程序监控。

3. 系统调试

（1）在教师现场监护下进行通电调试，验证系统控制功能是否符合要求。

（2）如果出现故障，学生根据出现的故障现象独立检修相关电路或修改梯形图。

（3）系统检修完毕应重新通电调试，直至系统正常工作。

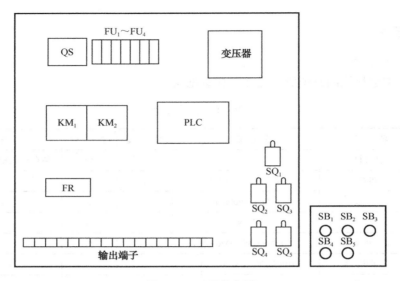

图 4-43　元器件布局

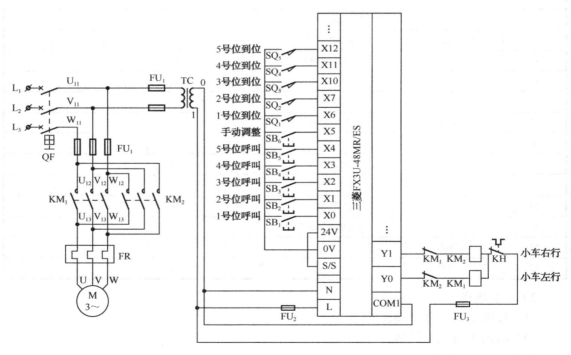

图 4-44　完整的系统图

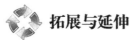拓展与延伸

将本节控制任务扩展为小车在 6 个工位之间往返运料，试用 PLC 设计该控制系统。

4.4　自动售货机控制系统

如今在各个城市市区的人行道上、公园门口及一些游乐园的路边，经常会有一些自动售货机供行人和游客购买饮料和食品等，用户只需从投币口投入足够量的币值，便可进行选购，十分方便。下面介绍用 PLC 实现自动售货机控制系统的方法。

4.4.1　控制任务及分析

1．控制任务

有一自动售货机用于出售餐巾纸、罐装可乐、罐装雪碧和罐装牛奶，它有一个 1 元硬币投币口，用七段码显示投币总值和购物后的剩余币值，工作要求如下：

（1）自动售货机中 4 种物品的价格分别为：餐巾纸 1 元、罐装可乐和罐装雪碧均为 3 元、罐装牛奶为 5 元。

（2）当投入的硬币总值满 1 元时，餐巾纸指示灯亮，按餐巾纸按钮，餐巾纸阀门打开 0.5s，1 包餐巾纸落下。

（3）当投入的硬币总值满 3 元时，餐巾纸、罐装可乐和罐装雪碧指示灯同时亮，按相应按钮后对应物品的阀门打开 0.5s，对应物品落下。

（4）当投入的硬币总值满 5 元时，所有物品对应的指示灯均亮，按相应按钮后对应物品的阀门打开 0.5s，对应物品落下。

（5）按下退币按钮，退币电动机运转，退币感应器开始计数，退出剩余的钱币后，退币电动机停止运行。

2．控制任务分析

由控制任务可知，投入的钱币通过感应器发出信号，PLC 接收信号对钱币进行计数，并将钱币数存入数据寄存器 D0。用户每投入一个硬币，D0 内数据加 1，每购买一个物品则减去该物品对应的币值，可用二进制加、减运算指令实现，并用七段码译码指令进行解码，控制七段显示器正确显示投币总值和剩余币值。当投入硬币总值达到一定数值时，相应物品的指示灯亮，该功能可用区间比较指令实现。退币动作由退币电动机控制，并由退币感应器记录退币的数量，准确地退出多余的钱币。下面先来学习与本控制任务相关的指令的用法。

4.4.2　相关基础知识

1．二进制加法指令

功能号：FNC 20

助记符：ADD、ADDP/DADD、DADDP

指令功能：将指定两个源二进制操作数代数相加，结果送到指定目标元件。

ADD 指令的应用举例如图 4-45 所示。

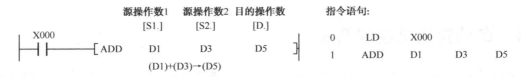

图 4-45　ADD 指令的应用举例

从图 4-45 可以看出，当 X0 的上升沿到来时，数据寄存器 D1 和 D3 中的 16 位二进制数执行代数相加，并将运算结果送到 16 位数据寄存器 D5 中。若 X0 保持为 ON，那么每个扫描周期执行一次加法运算，并将运算结果送入指定的数据寄存器；若执行的是 32bit 二进制加法 DADD 或 DADDP 指令，则由 D2 中的高 16bit 数据和 D1 中的低 16bit 数据组成的 32bit 源操作数 1 与由 D4 中的高 16bit 数据和 D3 中的低 16bit 数据组成的 32bit 源操作数 2 进行二进制代数相加，并将运算结果的高 16bit 送入数据寄存器 D6，低 16bit 送入数据寄存器 D5。

当运算结果为 0 时，零标志位 M8020 置 1；当两个操作数的代数和超过 -32767（16bit 运算）或 -2147483647（32bit 运算）时，借位标志位 M8021 置 1；当两个操作数的代数和超过 32767（16bit 运算）或 2147483647（32bit 运算）时，进位标志位 M8022 置 1。

二进制加法指令也可采用脉冲执行型指令，如可以用二进制加法指令实现 INCP 加 1 指令的功能，如图 4-46 所示。

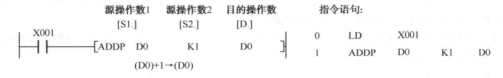

图 4-46　ADDP 指令的应用举例

从图 4-46 可以看出，每当 X1 的上升沿到来时，D0 中的数据加 1，其执行结果相当于 INCP 指令，但不同的是 INCP 不影响标志寄存器。若此处采用连续执行型指令 ADD，当 X1 闭合时，寄存器 D0 中的数据不断加 1，D0 的内容在每个扫描周期都会发生变化。

 说明：

（1）二进制加法指令操作元件如下。

源操作数[S1.]、[S2.]：K，H，KnX，KnY，KnM，KnS，T，C，D，R，V、Z。

目的操作数[D.]：KnY，KnM，KnS，T，C，D，R，V、Z。

（2）源和目的操作数可以为同一操作元件，此时若采用连续执行型二进制加法 ADD 或 DADD 指令，则操作元件中的数据在每个扫描周期都会改变。

（3）若运用 16 位二进制加法指令将 +32767 加 1，其运算结果为 0，则运用 32 位二进制加法指令将 +2147483647 加 1，则其运算结果也为 0，且进位标志位 M8022 动作。这点应与加 1 指令相区别。

2．二进制减法指令

功能号：FNC 21

助记符：SUB、SUBP/DSUB、DSUBP

指令功能：将指定两个源二进制操作数代数相减，结果送到指定目标元器件。

二进制减法指令的应用举例如图 4-47 所示。

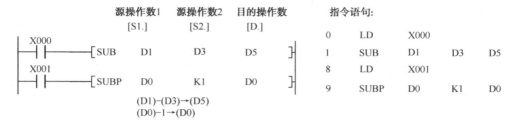

图 4-47　二进制减法指令的应用举例

从图 4-47 可以看出，当 X0 的上升沿到来时，数据寄存器 D1 和 D3 中的 16 位二进制数执行相减操作，并将运算结果送到 16 位数据寄存器 D5 中。与二进制加法指令相同，当 X0 保持为 ON 时，该指令每个扫描周期都执行一次；当 X1 的上升沿到来时，数据寄存器 D0 中的数据减 1，其功能相当于 DECP 指令。

二进制减法指令中，各标志位、32bit 运算寄存器的指定、连续执行和脉冲执行的差异等均与二进制加法指令相同，在此不再赘述。但应注意，当 16 位数据-32768 或-2147483648 用二进制减法指令减 1 后，其运算结果为 0，且借位标志位 M8021 动作。这一点也与减 1 指令不同。

3．二进制乘法指令

功能号：FNC 22

助记符：MUL、MULP/DMUL、DMULP

指令功能：将指定的两个源操作数进行二进制有符号乘法运算，然后将相乘的积送入以目的操作数为首地址的目的元件中。

二进制乘法指令的应用举例如图 4-48 所示。

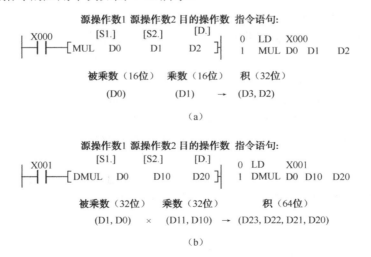

图 4-48　二进制乘法指令的应用举例

图 4-48（a）为 16 位二进制乘法 MUL 指令，其源操作数为 16 位二进制数，运算结果为 32 位，分别存入以目的操作数（D2）为首地址的目的元件（D3,D2）中。当 X0 上升沿到来

时，执行 16 位二进制乘法运算，即（D0）×（D1）→（D3，D2），积的高 16 位存入 D3，积的低 16 位存入 D2。例如，当（D0）= 7，（D1）= 6 时，积（D3,D2）=42，则（D3）=0，（D2）=42。

图 4-46（b）为 32 位二进制乘法 DMUL 指令，其源操作数为 32 位二进制数，运算结果为 64 位，分别存入以目的操作数（D20）为首地址的目的元件（D23,D22,D21,D20）中。当 X1 上升沿到来时，执行 32 位二进制乘法运算，即(D1,D0)×(D11,D10)→(D23,D22,D21,D20)，积的高 32 位存入（D23,D22），积的低 32 位存入（D21,D20）。

 说明：

（1）二进制乘法指令的操作元件如下。

源操作数[S1.]、[S2.]：K、H、KnX，KnY，KnM，KnS，T，C，D，R，Z。

目的操作数[D.]：KnY，KnM，KnS，T，C，D，Z（限 16 位运算）。

（2）在进行二进制乘法运算时，积的二进制最高位是符号位，0 为正，1 为负。当被乘数和乘数同号时，积为正；异号时，积为负。

（3）Z 在 16 位和 32 位运算中均可以作为源操作数，但只能在 16 位运算中作为目的操作数，32 位运算中则不能作为目的操作数。

（4）在以位元件组合的方式作为目的操作数进行 32 位二进制乘法运算时，由于 n≤K8，所以只能得到运算结果的低 32 位，此时目的操作元件最好先用寄存器，将 64 位运算结果保存下来，然后用 DMOV 指令分别传送至需要输出的位组合元件。

（5）运算结果零标志位为 M8034。当运算结果为 0 时，M8034 为 ON；当运算结果非 0 时，M8034 为 OFF。

4．二进制除法指令

功能号：FNC 23

助记符：DIV、DIVP/DDIV、DDIVP

指令功能：将指定的两个源操作数进行二进制有符号除法运算，然后将相除的商和余数送入以目的操作数首地址开始的目的元件中。

二进制除法指令的应用举例如图 4-49 所示。

图 4-49（a）为 16 位二进制除法 DIV 指令，其源、目的操作数均为 16 位二进制数。当 X0 上升沿到来时，执行 16 位二进制除法运算，即（D0）÷（D1）→（D2），余数存储在数据寄存器 D3 中。例如，当（D0）=20，（D1）=6 时，商（D2）=3，余数（D3）=2。

图 4-49（b）为 32 位二进制除法 DDIV 指令，其源、目的操作数均为 32 位二进制数。当 X001 上升沿到来时，执行 16 位二进制除法运算，即（D1,D0）÷（D11,D10）→（D21,D20），余数高位存放在数据寄存器 D23 中，低位存放在 D22 中。

 说明：

（1）二进制除法指令的操作元件如下。

源操作数[S1.]、[S2.]：K、H、KnX，KnY，KnM，KnS，T，C，D，R，Z。

目的操作数[D.]：KnY，KnM，KnS，T，C，D，R，Z（限 16 位运算）。

源操作数1 源操作数2 目的操作数　指令语句：
　　[S1.]　　[S2.]　　[D.]

X000
├┤├──┤ DIV　D0　　D1　　D2 ├　　0　LD　X000
　　　　　　　　　　　　　　　　　　1　DIV　D0　D1　　D2

被除数（16位）　除数（16位）　商（16位）…　余数（16位）

(D0)　÷　(D1)　→　(D2)　…　(D3)

（a）

源操作数1 源操作数2 目的操作数　指令语句：
　　[S1.]　　[S2.]　　[D.]

X000
├┤├──┤DDIV　D0　　D10　　D20 ├　　0　LD　X000
　　　　　　　　　　　　　　　　　　1　DDIV　D0　D10　D21

被除数（32位）　除数（32位）　商（32位）…　余数（32位）

(D1, D0)　÷　(D11, D10)　→　(D21, D20)　…　(D23, D22)

（b）

图 4-49　二进制除法指令的应用举例

（2）二进制除法指令中，[S1.]为被除数，[S2.] 为除数。16 位运算时，商送入目的操作数 [D.]中，余数送入[D.]+1 中；32 位运算时，商送入目的操作数[D.]+1、[D.]中，余数送入[D.]+3、[D.]+2 中。

（3）在进行二进制除法运算时，商与余数的二进制最高位是符号位，0 为正，1 为负。当被除数或除数中有一个为负数时，商为负数；当被除数为负数时，余数为负数。

（4）若除数为 0，则出错，该指令不执行。

（5）Z 在 16 位和 32 位运算中均可以作为源操作数，但只能在 16 位运算中作为目的操作数，32 位运算中则不能作为目的操作数。

（6）当执行二进制除法指令的结果为零时，零标志位 M8034 为 ON；在执行二进制除法指令时，若用最大负数（16 位运算最大负数为-32768、32 位运算最大负数为-2147483648）除以-1，则运算结果溢出，进位标志位 M8036 为 ON。

5．七段解码指令

功能号：FNC 73

助记符：SEGD、SEGDP

指令功能：将源操作数的低 4 位表示的一位十六进制数（0～F）译码成七段显示码，并保存到目的操作元件的低 8 位中。

七段解码指令操作元件如下。

（1）源操作数[S.]：K、H，KnX，KnY，KnM，KnS，T，C，D，R，V，Z。

（2）目的操作数[D.]：KnY，KnM，KnS，T，C，D，R，V，Z（限 16 位运算）。

七段解码指令的应用举例如图 4-50 所示。

图 4-50　七段解码指令的应用举例

从图 4-50 可以看出，当 X0 的上升沿到来时，数据传送指令将十进制数 K6 送入 D0，七段解码 SEGD 指令将源操作数 D0 的低 4 位（"0110"）所表示的十六进制数（"6"）解码为七段显示码（01111101），存入目的操作数 K2Y0 中，此时若将 Y0～Y7 与七段显示器的 B0～B6 相连，即可使七段显示器显示数字"6"。七段显示码的解码表参见表 4-10。

表 4-10　七段显示码的解码表

[S.]		七段码组合	[D.]								显示数据
十六进制	二进制		B7	B6	B5	B4	B3	B2	B1	B0	
0	0000		0	0	1	1	1	1	1	1	0
1	0001		0	0	0	0	0	1	1	0	1
2	0010		0	1	0	1	1	0	1	1	2
3	0011		0	1	0	0	1	1	1	1	3
4	0100		0	1	1	0	0	1	1	0	4
5	0101	B0	0	1	1	0	1	1	0	1	5
6	0110		0	1	1	1	1	1	0	1	6
7	0111	B5　B6　B1	0	0	1	0	0	1	1	1	7
8	1000		0	1	1	1	1	1	1	1	8
9	1001	B4　B2	0	1	1	0	1	1	1	1	9
A	1010	B3	0	1	1	1	0	1	1	1	A
B	1011		0	1	1	1	1	1	0	0	b
C	1100		0	0	1	1	1	0	0	1	C
D	1101		0	1	0	1	1	1	1	0	d
E	1110		0	1	1	1	1	0	0	1	E
F	1111		0	1	1	1	0	0	0	1	F

　　例 1　有一组灯共 16 盏，分别接于 Y0～Y7、Y10～Y17，控制要求如下：

（1）当 X0 为 ON 时，灯组按正序每隔 1s 逐个移位点亮，并不断循环；

（2）当 X1 为 ON 时，灯组按逆序每隔 1s 移位点亮，直至全亮，并不断循环。

（3）当 X2 为 ON 时，所有灯熄灭，等待下一次启动。

试用乘法和除法指令实现上述移位控制。

　　利用将目的数据乘以 2 和除以 2 可以实现数据的正序和逆序移位。本例中用 X0 的上升沿置位 M0，并将 K1 先送入 K4Y0，然后将 K4Y0 中的数据运用乘法指令乘以 2，实现灯组的正序逐个点亮；当移位至 Y17 为 ON 时，利用 Y17 的下降沿将 K1 再度送入 K4Y0，以实现正序移位的不断循环。

　　当 X1 为 ON 时，由于初始时送入 K4Y0 的是 K-32768，此时 Y17 为 ON。利用除法指令将其逆序移位，由于负数除以 2 后仍为负数，因此灯组逆序移位点亮时前面的灯不熄灭，实现了逆序移位点亮直至全亮。而当 X2 为 ON 时，将 M0、M1 复位，停止二进制乘法和除法运算，并将 K4Y0 清零，使所有灯熄灭。其梯形图程序如图 4-51 所示。

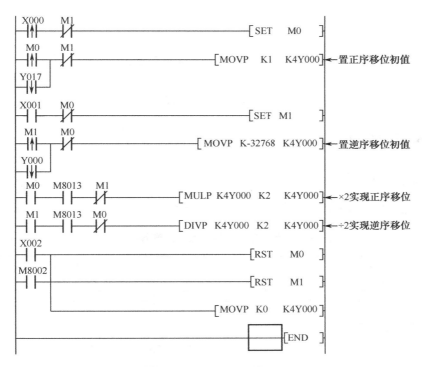

图 4-51　例 1 梯形图程序

例 2　试编程实现 $\dfrac{34X-8}{23}+5$ 算式的运算。式中 " X " 代表输入端 K2X0 送入的二进制数，运算结果送输出端 K2Y0 驱动七断显示器显示，X10 为启停开关。

本例包含了本节所有的指令，可通过 K2X0 中各输入端的状态来改变 " X " 的值，然后通过程序监控来观察各数据寄存器的数值，验证程序的正确性。其梯形图程序如图 4-52 所示。

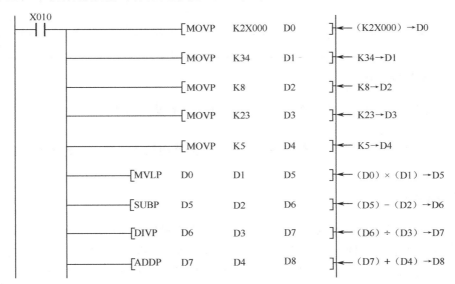

图 4-52　例 2 梯形图程序

图 4-52　例 2 梯形图程序（续）

4.4.3　输入/输出分配

1. 输入/输出分配表

自动售货机控制系统的输入/输出分配参见表 4-11。

表 4-11　自动售货机控制系统的输入/输出分配

输入			输出		
元件	作用	输入点	输出点	元件	作用
SB$_1$	投币口	X0	Y0	YV$_1$	餐巾纸出口
SB$_2$	餐巾纸选择	X1	Y1	YV$_2$	罐装可乐出口
SB$_3$	罐装可乐选择	X2	Y2	YV$_3$	罐装雪碧出口
SB$_4$	罐装雪碧选择	X3	Y3	YV$_4$	罐装牛奶出口
SB$_5$	罐装牛奶选择	X4	Y4	YV$_5$	退币电磁铁
SB$_6$	退币按钮	X5	Y5	KM	退币电动机控制
SB$_7$	退币感应器	X6	Y10	HL$_1$	餐巾纸指示灯
			Y11	HL$_2$	罐装可乐指示灯
			Y12	HL$_3$	罐装雪碧指示灯
			Y13	HL$_4$	罐装牛奶指示灯
			Y20～Y27	七段显示器	投币值及余额显示

2. 输入/输出接线图

用三菱 FX3U-48MR/ES 型可编程控制器实现自动售货机控制系统的输入/输出接线，如图 4-53 所示。

图 4-53 所示电路中，为方便安装练习，各种感应器用按钮代替，各种电磁铁则用中间继电器代替。

4.4.4　程序设计

根据控制任务要求，可先以投币感应器（X0）作为触发信号用加法指令将投币值累加，存入指定的数据寄存器（D0）中；然后通过区间比较指令（ZCP）使投币累计值达到相应值，此时对应指示灯点亮，才能选购对应的物品；选购后利用减法指令将投币累计值寄存器 D0 中的数据减去选购物品对应的价格，并在整个售货过程中由七段解码指令驱动七段显示器显示投入的币值和购物后剩余的币值，以方便顾客选择继续购物还是退币。

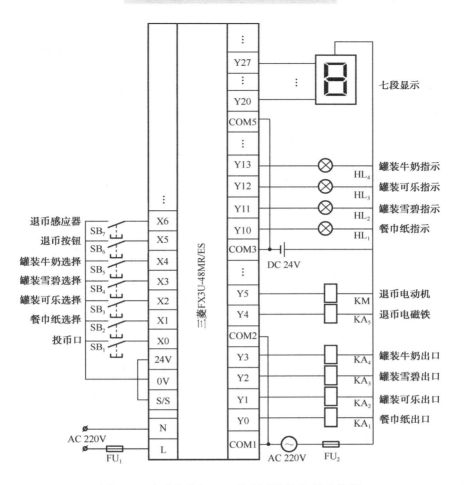

图 4-53　自动售货机 PLC 控制系统输入/输出接线

退币时，用除法指令计算应退币数，并以退币感应器（X6）为触发信号对已退币进行计数，当已退币数（D20）和应退币数（D2）相等时，结束退币动作，系统复位。为了方便使用区间比较指令，程序中的币值均以"角"为单位。系统控制梯形图程序如图 4-54 所示。

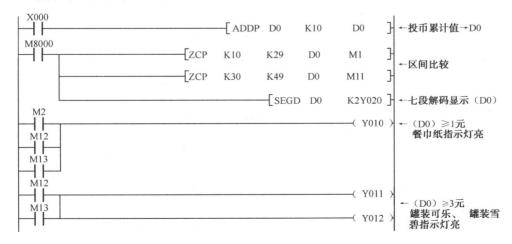

图 4-54　自动售货机控制系统梯形图程序

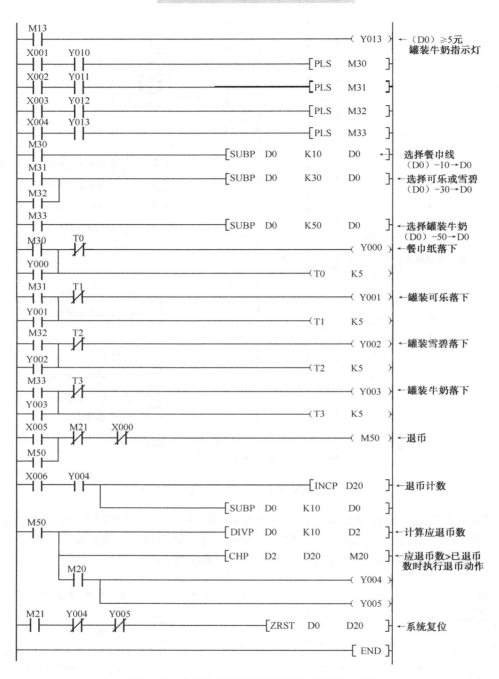

图 4-54 自动售货机控制系统梯形图程序（续）

图 4-54 中比较指令、区间比较指令及区间复位指令的用法请参考本书前面有关章节。
图 4-54 所示梯形图程序对应的指令语句如下：

0	LD	X000			93	OR	Y001	
1	ADDP	D0	K10	D0	94	MPS		
8	LD	M8000			95	ANI	T1	
9	ZCP	K10	K29	D0	M1	96	OUT	Y001

18	ZCP	K30	K49	D0	M11	97	MPP		
27	SEGD	D0	K2Y020			98	OUT	T1	K5
32	LD	M2				101	LD	M32	
33	OR	M12				102	OR	Y002	
34	OR	M13				103	MPS		
35	OUT	Y010				104	ANI	T2	
36	LD	M12				105	OUT	Y002	
37	OR	M13				106	MPP		
38	OUT	Y011				107	OUT	T2	K5
39	OUT	Y012				110	LD	M33	
40	LD	M13				111	OR	Y003	
41	OUT	Y013				112	MPS		
42	LD	X001				113	ANI	T3	
43	AND	Y010				114	OUT	Y003	
44	PLS	M30				115	MPP		
46	LD	X002				116	OUT	T3	K5
47	AND	Y011				119	LD	X005	
48	PLS	M31				120	OR	M50	
50	LD	X003				121	ANI	M21	
51	AND	Y012				122	ANI	X000	
52	PLS	M32				123	OUT	M50	
54	LD	X004				124	LD	X006	
55	AND	Y013				125	AND	Y004	
56	PLS	M33				126	INCP	D20	
58	LD	M30				129	SUBP	D0	K10 D0
59	SUBP	D0	K10	D0		136	LD	M50	
66	LD	M31				137	DIVP	D0	K10 D2
67	OR	M32				144	LD	M50	
68	SUBP	D0	K30	D0		145	CMP	D2	D20 M20
75	LD	M33				152	AND	M20	
76	SUBP	D0	K50	D0		153	OUT	Y004	
83	LD	M30				154	OUT	Y005	
84	OR	Y000				155	LD	M21	
85	MPS					156	ANI	Y004	
86	ANI	T0				157	ANI	Y005	
87	OUT	T000				158	ZRST	D0	D20
88	MPP					163	END		
89	OUT	T0	K5					
92	LD	M31						

4.4.5 系统安装与调试

1. 程序输入

输入图 4-54 所示梯形图程序，其中所涉及的功能指令的输入方法与前面介绍的方法相同，如图 4-55 所示。

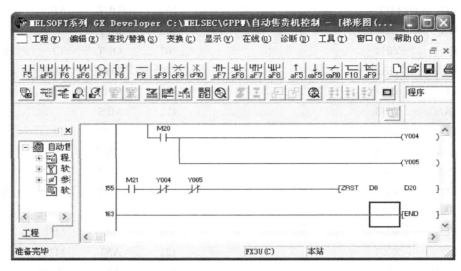

图 4-55　自动售货机控制系统程序输入完毕

2. 系统安装

1）准备元件器材

自动售货机控制系统所需元件器材参见表 4-12。

表 4-12　元件器材表

序　号	名　称	型号规格	数　量	单　位	备　注
1	计算机		1	台	装有 GX Developer 编程软件
2	PLC	三菱 FX3U-48MR/ES	1	台	
3	安装板	600mm×900mm	1	块	网孔板
4	导轨	DIN	0.3	米	
5	空气断路器	Multi9 C65N D20 2P	1	只	
6	熔断器	RT28-32	4	只	
7	指示灯	XB2-BVB3C 24V	4	只	绿色
8	控制变压器	JBK3-100　380/220V	1	只	
9	直流开关电源	DC24V、50W	1	只	
10	接触器	NC3—09/220V	1	只	
11	中间继电器	3TH82-44/220V	5	只	

续表

序　号	名　　称	型 号 规 格	数　量	单　位	备　注
12	七段显示板	DC 24V，共阴极	1	块	
13	按钮	XB2-BA31C	7	只	
14	端子	D-20	20	只	
15	铜塑线	BV1/1.13mm^2	30	米	
16		BVR7/0.75mm^2	30	米	
17	紧固件	M4*20 螺杆	若干	只	
18		M4*12 螺杆	若干	只	
19		$\phi4$ 弹簧垫圈及 $\phi4$ 螺母	若干	只	
20		$\phi4$ 平垫圈	若干	只	
21	号码管		若干	米	
22	号码笔		1	支	

2）安装接线

（1）按图 4-56 布置元器件。

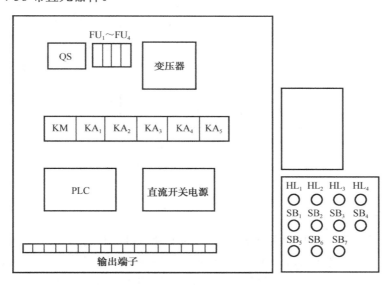

图 4-56　元器件布局

（2）按图 4-57 安装接线。

3）写入程序并监控

将程序写入 PLC，并启动程序监控。

3．系统调试

（1）在教师现场监护下进行通电调试，验证系统控制功能是否符合要求。

（2）如果出现故障，学生根据出现的故障现象独立检修相关电路或修改梯形图。

（3）系统检修完毕应重新通电调试，直至系统正常工作。

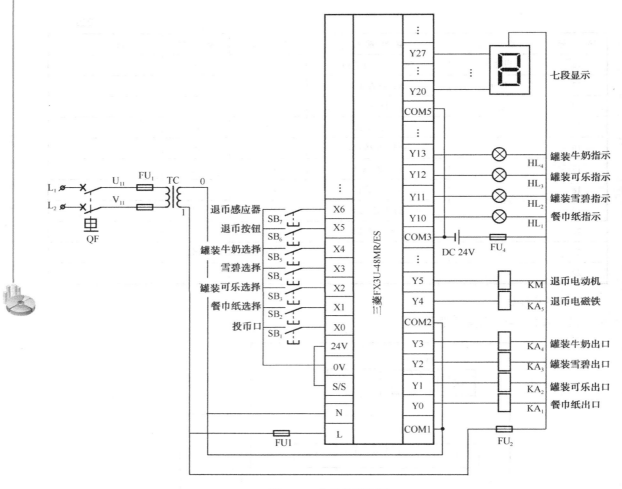

图 4-57 完整的系统图

拓展与延伸

在自动售货机控制系统中增加 5 角和 1 角两个投币口，并增加 5 角和 1 角的退币电动机和退币感应器；同时将餐巾纸的价格改为 5 角，罐装可乐和罐装雪碧的价格改为 2 元 3 角，罐装牛奶的价格改为 3 元。试用 PLC 实现该自动售货机的售货和退币控制功能。

4.5 三自由度工件搬运控制系统

步进电动机是一种专门用于位置和速度精确控制的特种电动机。步进电动机的最大特点是其数字性，对于控制器发送的每一个脉冲信号，步进电动机在其驱动器的推动下运转一个固定角度（简称一步）。若接收到一串脉冲，步进电动机将连续运转一段相应距离。同时可通过控制脉冲频率直接对电动机转速进行控制。由于步进电动机工作原理易学易用，成本较低（相对于伺服）、电动机和驱动器不易损坏，非常适合微机和单片机控制，因此近年来在各行各业的控制设备中获得了越来越广泛的应用。

步进电动机按其结构分类，有三种主要类型，即反应式（Variable Reluctance，VR）电动机、永磁式（Permanent Magnet，PM）电动机和混合式（Hybrid Stepping，HS）电动机。混合式步进电动机综合了反应式电动机和永磁式电动机的优点，其定子上有多相绕组，转子采用永磁材料，转子和定子上均设计有多个小齿以提高步矩精度。其特点是输出力矩大，动态性能好，步距角小，但结构复杂，成本相对较高。

步进电动机按定子绕组上的绕组数分类，又可分成二相步进电动机、三相步进电动机和五相步进电动机。由于二相混合式步进电动机具有较高的性价比，且配上细分驱动器后效果良好，所以在目前市场上最受欢迎。本节以一个三自由度工件搬运控制系统为例，介绍步进电动机 PLC 控制的基本方法。

4.5.1 控制任务及分析

1. 控制任务

有一三自由度工件搬运控制系统如图 4-58 所示，两台二相混合式步进电动机分别控制机械手在 X 轴、Z 轴方向的精确定位，底盘由一台直流电动机驱动。控制要求如下：

（1）系统上电时，检测机械手是否在原位，若不在原位，则按上升→缩回→底盘旋转的顺序自动回归原位，Z 轴、X 轴方向和底盘的原位分别由接近开关 SQ_1、SQ_2 和 SQ_3 检测。

（2）机械手回归原位后，按下启动按钮 SB_1，机械手按如下顺序开始工作：沿 X 轴方向伸出至 A 点上方→沿 Z 轴方向下降至 A 点→夹紧工件（夹紧时间 2s）→上升至 Z 轴原位→底盘旋转至 B 点（SQ_4 闭合，A 点和 B 点关于 Z 轴对称）→下降至 B 点→放松工件（放松时间 2s）→上升至 Z 轴原位→底盘旋转至 A 点（SQ_3 闭合）……如此不断循环，直至按下停止按钮 SB_2，机械手立刻自动回归原位并停止工作，等待下一次的启动。

（3）系统机械手的夹紧和放松由电磁铁控制，SQ_5 和 SQ_6 分别用于 X 轴、Z 轴方向的限位保护。

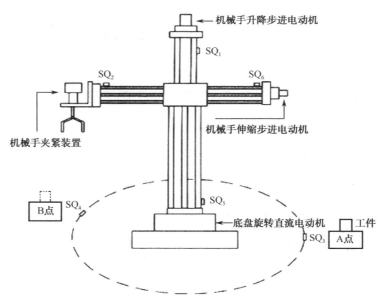

图 4-58 三自由度工件搬运控制系统示意图

2．控制任务分析

用 PLC 控制步进电动机时，由于需要 PLC 发出高频脉冲控制信号，故应选用晶体管输出型 PLC。另外，由于 PLC 的驱动能力较弱，通常不能直接驱动步进电动机工作，需外接步进电动机驱动器。

从控制要求可以看出，上电后由于需机械手回归原位，可分别控制两台步进电动机分别反转至 SQ_1 和 SQ_2 接通，而高频脉冲应由 PLC 的专用脉冲输出（PLSY、PLSR）指令发送至步进电动机驱动器，再由步进电动机驱动器驱动两台步进电动机带动机械手回归至 X 轴、Z 轴方向原位，底盘回归原位则可通过驱动直流电动机正转至 SQ_3 处实现，而步进电动机的正、反转可通过 PLC 编程控制步进电动机驱动器方向输入端实现，步进电动机的速度和定位取决于由 PLC 输入至驱动器脉冲的频率和脉冲数。实现本控制任务的关键在于控制 PLC 按一定的顺序发出相应频率的脉冲至步进电动机驱动器，使步进电动机驱动机械手进行精确定位。由于本任务是典型的顺序控制，因此适合采用步进指令编程。下面就来学习相关指令的基本用法。

4.5.2 相关基础知识

1．脉冲输出指令

功能号：FNC 57
助记符：PLSY、DPLSY
源操作数 1[S1.]：指定输出脉冲的频率；
源操作数 2[S2.]：指定输出脉冲的数量；
目的操作数[D.]：指定输出目的元件；
指令功能：在目的操作元件上产生指定频率和数量的占空比为 50%的脉冲。
PLSY 指令的应用举例如图 4-59 所示。

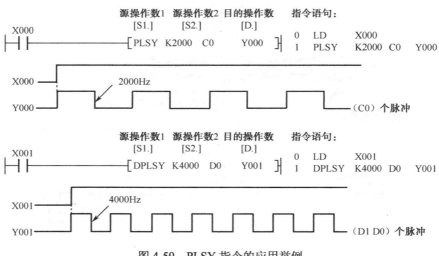

图 4-59　PLSY 指令的应用举例

从图 4-59 可以看出，当触发信号 X0 为 ON 时，第一条指令在目的元件 Y0 上产生 2000Hz 的脉冲，脉冲数量由 C0 中的当前值决定。例如，当计数器 C0 的当前值为 10000 时，则发出的脉冲数量为 10000 个；当 C0 的当前值为 0 时，则目的元件不断发出脉冲，直至 X0 为 OFF 状态。第二条指令为双字节指令，产生脉冲的数量取决于由 D1、D0 组成的 32bit 元件中的数据。

 说明：

（1）脉冲输出指令的操作元件如下。

源操作数[S1.]、[S2.]：K、H、KnX、KnY、KnM、KnS，T、C、D、R、V、Z；

目的操作数[D.]：Y0、Y1；

（2）对于 16bit 指令 PLSY，[S1.]指定的脉冲频率范围为 1～32767Hz，对于 32bit 指令 DPLSY，[S1.]指定的脉冲频率范围为 1～200kHz；对于 16bit 指令 PLSY，[S2.]指定的脉冲数量范围为 1～32767 个，对于 32bit 指令 DPLSY，[S2.]指定的脉冲数量范围为 1～2147483647 个。

（3）指令执行过程中，当触发信号从 ON 变为 OFF 时，脉冲输出停止。当触发信号再次为 ON 时，重新开始输出[S2.]指定的脉冲数。

（4）M8029 为指令输出结束标志位。指定脉冲数输出完毕，标志位 M8029 置 1，当指令触发信号为 OFF 时，M8029 复位。程序中有多个 PLSY/DPLSY 时，M8029 的触点应紧跟在每条指令的正下方使用，否则容易出错。

（5）指令输出脉冲数由专用的特殊辅助寄存器保存。由 Y0 输出的累计脉冲数保存在特殊辅助寄存器 M8141（高位）和 M8140（低位）中，由 Y1 输出的累计脉冲数保存在特殊辅助寄存器 M8143（高位）和 M8142（低位）中，而由 Y0 和 Y1 输出的脉冲总数则被保存在特殊辅助寄存器 M8137（高位）和 M8136（低位）中，特殊辅助寄存器的清零可通过 DMOV 指令完成。

（6）停止脉冲输出标志位为特殊辅助继电器 M8349 和 M8359。若需将输出脉冲立即停止，可将 M8349（Y0 输出脉冲时）和 M8359（Y1 输出脉冲时）置 ON，需重新输出脉冲时再将其置 0，并再次接通脉冲输出指令的触发信号。

（7）脉冲输出的标志位为特殊辅助继电器 M8340（Y0 输出脉冲时）和 M8350（Y 输出脉冲时）。当输出脉冲时，M8340 为 ON。

（8）在指令执行过程中若操作数[S1.]发生变化，则脉冲输出频率随之发生改变；若操作数[S2.]发生变化，则脉冲发出数量必须在指令再次触发时才能改变。

（9）当使用晶体管输出型 PLC 基本单元输出脉冲时，应将输出频率[S1.]设定在 100kHz 以下。当输出频率超过 100kHz 时，应使用高速输出特殊适配器，否则 PLC 可能会出错。

2．带加/减速功能的脉冲输出指令

功能号：FNC 59

助记符：PLSR、DPLSR

源操作数 1[S1.]：指定输出脉冲的最高频率；

源操作数 2[S2.]：指定输出总脉冲数量；

源操作数 3[S3.]：指定输出加/减速时间；

目的操作数[D.]：指定输出目的元件；

指令功能：在目的操作元件上产生指定频率、指令数量和指定加/减速时间的占空比为 50%的脉冲。

PLSR、DPLSR 指令的功能和 PLSY、DPLSY 指令的功能基本相同，只是增加了用于设定加/减速时间的源操作数[S3.]，其频率和时间的关系如图 4-60 所示。

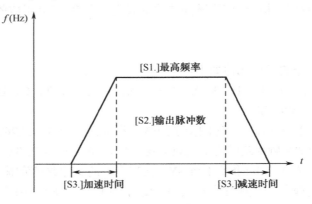

图 4-60　频率和时间的关系

图 4-60 中，加、减速时间（以 ms 为单位）相等，均由操作数[S3.]设定。执行指令发出脉冲时，脉冲频率由 0Hz 逐渐开始上升，并在[S3.]设定的时间内达到[S1.]设定值；减速时则在相同的时间内，将输出脉冲的频率降至 0Hz。由此可见，用带加/减速功能的脉冲输出指令编程控制步进电动机时，可使电动机的启动和停止更为平滑。

 说明：

（1）脉冲输出指令的操作元件如下。

源操作数[S1.]、[S2.]、[S3.]：K、H，KnX，KnY，KnM，KnS，T，C，D，R，V、Z；

目的操作数[D.]：Y0、Y1；

（2）对于 16bit 指令 PLSR，[S1.]指定的脉冲频率范围为 10～32767Hz，对于 32bit 指令 DPLSR，[S1.]指定的脉冲频率范围为 200kHz；对于 16bit 指令 PLSR，[S2.]指定的脉冲数量范围为 1～32767 个，对于 32bit 指令 DPLSY，[S2.]指定的脉冲数量范围为 1～2147483647 个；[S3.]指定的加、减速时间范围为 50～5000ms。

（3）其余注意事项同 PLSY、DPLSY 指令说明部分的（3）～（9）。

4.5.3　输入/输出分配

1. 输入/输出分配表

三自由度工件搬运控制系统的输入/输出分配表参见表 4-13。

表 4-13　三自由度工件搬运控制系统的输入/输出分配表

输入			输出		
元件	作用	输入点	输出点	元件	作用
SB$_1$	启动	X0	Y0	步进电动机驱动器一 CP-端	脉冲输出一
SB$_2$	停止	X1	Y1	步进电动机驱动器二 CP-端	脉冲输出二
SQ$_1$	Z 轴原位	X2	Y2	步进电动机驱动器一 DIR-端	M$_1$ 方向控制
SQ$_2$	X 轴原位	X3	Y3	步进电动机驱动器二 DIR-端	M$_2$ 方向控制

续表

输入			输出		
元件	作用	输入点	输出点	元件	作用
SQ$_3$	底盘原位	X4	Y4	K 线圈	底盘电动机控制
SQ$_4$	底盘到位	X5	Y5	YA 线圈	工件夹紧控制
SQ$_5$	Z 轴下限位	X6			
SQ$_6$	X 轴右限位	X7			

2. 输入/输出接线图

用三菱 FX3U-48MT/ESS 源型输出可编程控制器实现步进电动机控制的输入/输出接线，如图 4-61 所示。

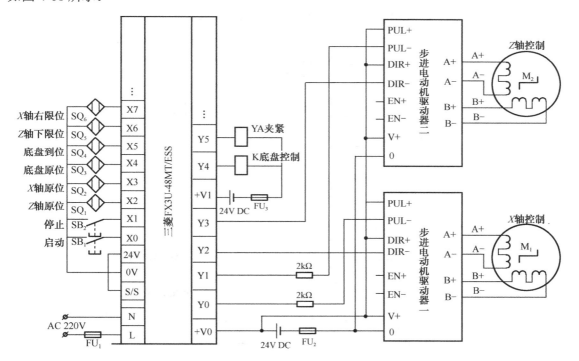

图 4-61　三自由度工件搬运系统 PLC 控制系统输入/输出接线图

由于选用的 PLC 为源型，所以步进电动机驱动器采用共阳极接法，CP+、DIR+ 和直流电源正端短接，脉冲信号由 CP− 端输入。步进电动机驱动器的直流电源一般有 5V、12V 和 24V，采用 +5V 电源时一般不需要接电阻，而采用直流 +12V 和 +24V 电源时一般应加接 1kΩ（DC 12V）、2kΩ（DC 24V）电阻。本例采用 24V 直流电源，故加接的电阻为 2kΩ。

另外，由于本例中搬运工件的轨迹是一同心圆，底盘直流电动机只需单向运转即可实现控制要求，故对电动机无须进行正反转控制。

4.5.4　程序设计

根据控制要求，上电或按下停止按钮后，若机械手不在原位，Y1、Y0 不断发出 4000Hz

210

的高频脉冲至步进电动机驱动器，同时方向控制信号 Y3、Y2 接通，控制机械手快速回归原位，Z 轴和 X 轴回归原位结束后（X2、X3 接通），再由直流电动机驱动底盘完成原位的回归（X4 接通）。回归原位结束后，自动进入下一个状态等待启动信号的到来。

系统启动后，按控制要求机械手先伸出定位，驱动脉冲频率为 2000Hz，发出 6000 个脉冲后停止；进入下一个状态，使机械手按相同的速度下降定位，脉冲数为 10000 个，定位结束后夹紧工件（Y5 接通），2s 后快速上升至 Z 轴原位（脉冲频率为 4000Hz），底盘旋转至 B 点（工件目的地，X5 接通），然后机械手下降至定位处（脉冲数同样为 10000 个），松开工件（Y5 断开），2s 后上升至 Z 轴原位，底盘旋转至原位……完成一次循环。此时若无停止信号，则机械手不再回归原位，继续下降进入下一循环。其状态转移图如图 4-62 所示。

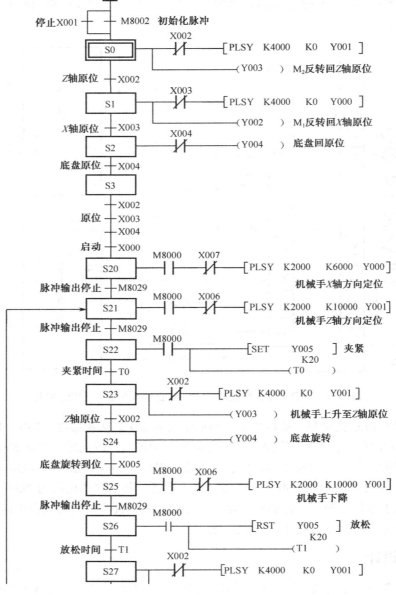

图 4-62　三自由度工件搬运系统状态转移图

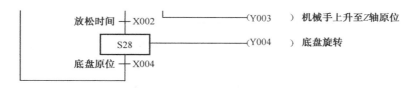

图 4-62　三自由度工件搬运系统状态转移图（续）

根据状态转移图可方便地用步进指令编写出系统控制程序，其对应的梯形图程序如图 4-63 所示。

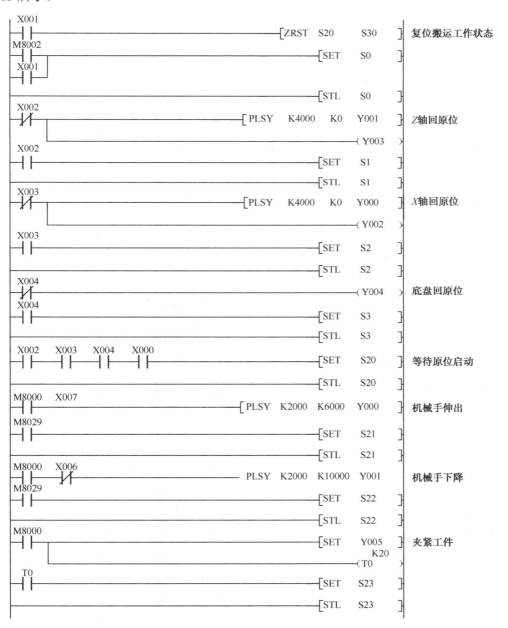

图 4-63　三自由度工件搬运系统 PLC 控制梯形图程序

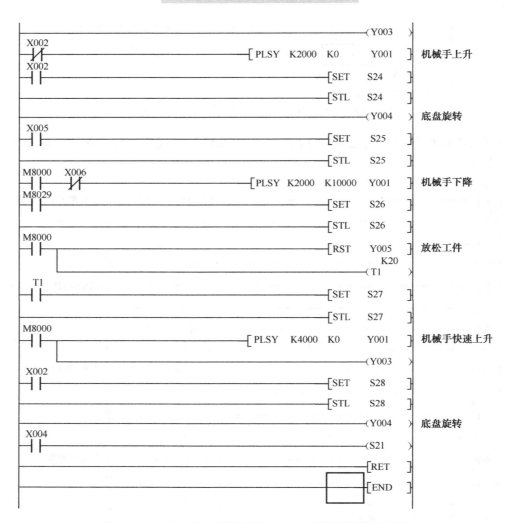

图 4-63　三自由度工件搬运系统 PLC 控制梯形图程序（续）

　　本系统控制程序也可采用前面学过的 SFC 块编写，请读者自行完成。图 4-63 所示梯形图程序对应的指令语句如下：

0	LD	X001			75	STL	S22	
1	ZRST	S20	S30		76	LD	M8000	
6	LD	M8002			77	SET	Y005	
7	OR	X001			78	OUT	T0	K20
8	SET	S0			81	LD	T0	
10	STL	S0			82	SET	S23	
11	LDI	X002			84	STL	S23	
12	PLSY	K4000	K0	Y001	85	OUT	Y003	
19	OUT	Y003			86	LDI	X002	
20	LD	X002			87	PLSY	K2000	K0	Y001
21	SET	S1			94	LD	X002	
23	STL	S1			95	SET	S24	

24	LDI	X003			97	STL	S24		
25	PLSY	K4000	K0	Y000	98	OUT	Y004		
32	OUT	Y002			99	LD	X005		
33	LD	X003			100	SET	S25		
34	SET	S2			102	STL	S25		
36	STL	S2			103	LD	M8000		
37	LDI	X004			104	ANI	X006		
38	OUT	Y004			105	PLSY	K2000	K10000	Y001
39	LD	X004			112	LD	M8029		
40	SET	S3			113	SET	S26		
42	STL	S3			115	STL	S26		
43	LD	X002			116	LD	M8000		
44	AND	X003			117	RST	Y005		
45	AND	X004			118	OUT	T1	K20	
46	AND	X000			121	LD	T1		
47	SET	S20			122	SET	S27		
49	STL	S20			124	STL	S27		
50	LD	M8000			125	LD	M8000		
51	ANI	X007			126	PLSY	K4000	K0	Y001
52	PLSY	K2000	K6000	Y000	133	OUT	Y003		
59	LD	M8029			134	LD	X002		
60	SET	S21			135	SET	S28		
62	STL	S21			137	STL	S28		
63	LD	M8000			138	OUT	Y004		
64	ANI	X006			139	LD	X004		
65	PLSY	K2000	K10000	Y001	140	OUT	S21		
72	LD	M8029			142	RET			
73	SET	S22			143	END			

4.5.5　系统安装与调试

1．程序输入

输入图 4-63 所示梯形图程序，其中 PLSY 指令的输入方法与前面学过的功能指令的输入方法相同，程序输入完成后如图 4-64 所示。

2．系统安装

1）准备元件器材

三自由度工件搬运系统所需元件器材参见表 4-14。

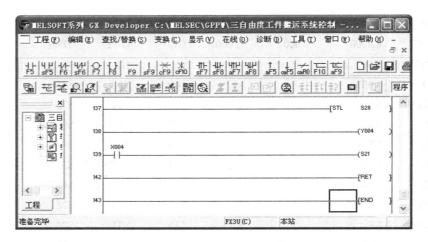

图 4-64　完成梯形图程序的输入

表 4-14　元件器材表

序号	名称	型号规格	数量	单位	备注
1	计算机		1	台	装有 GX Developer 编程软件
2	PLC	三菱 FX3U-48MR/ESS	1	台	晶体管输出（源型）
3	安装板	600mm×900mm	1	块	网孔板
4	导轨	C45	0.3	米	
5	空气断路器	Multi9 C65N D20	1	只	
6	熔断器	RT28-32	5	只	
7	步进电动机	雷赛 35 系列 0.4A	2	只	
8	步进电动机驱动器	雷赛 DM320C	2	只	带有 2k 电阻
9	直流电动机	LGBL57 无刷电动机 DC24V 10W	1	只	
10	固态继电器	DC24V	1	只	
11	接近开关	NPN 型 DC24V	6	个	
12	控制变压器	JBK3-100 380/220	1	只	
13	按钮	LA4-3H	1	只	
14	直流电源	PS307 24V 5A	2	只	
15	端子	D-20	40	只	
16	铜塑线	BV1/1.13mm²	20	米	
17		BVR7/0.75mm²	30	米	
18	紧固件	M4*20 螺杆	若干	只	
19		M4*12 螺杆	若干	只	
20		ϕ4 平垫圈	若干	只	
21		ϕ4 弹簧垫圈	若干	只	
22		ϕ4 螺母	若干	只	
23	号码管		若干	米	
24	号码笔		1	支	

2）安装接线

（1）按图 4-65 布置元器件。

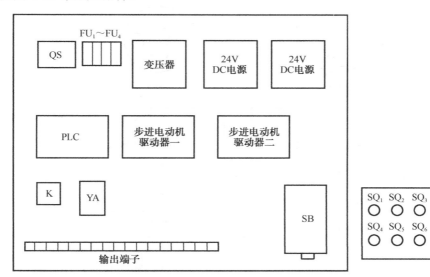

图 4-65　元器件布局

（2）按图 4-66 安装接线。

3）写入程序并监控

将程序写入 PLC，并启动程序监控。

3．系统调试

（1）在教师现场监护下进行通电调试，验证系统控制功能是否符合要求。

（2）如果出现故障，学生根据出现的故障现象独立检修相关电路或修改梯形图。

（3）系统检修完毕应重新通电调试，直至系统正常工作。

 拓展与延伸

若本任务控制程序不采用步进指令编写，应该如何编制 PLC 控制程序？

 本章小结

本章以 5 个控制任务的形式介绍了组合位元件、数据寄存器和二十余条常用功能指令在程序设计时的基本使用方法。通过各个控制任务的实现，使学生体会到功能指令实际上是一些功能各不相同的子程序，功能指令的执行相当于子程序调用；认识到正是由于这些功能指令使得 PLC 的数据处理能力大大加强，应用范围也更加广泛，同时也使 PLC 能满足用户更高的控制要求，运用更为灵活方便，成为真正意义上的工业控制计算机。

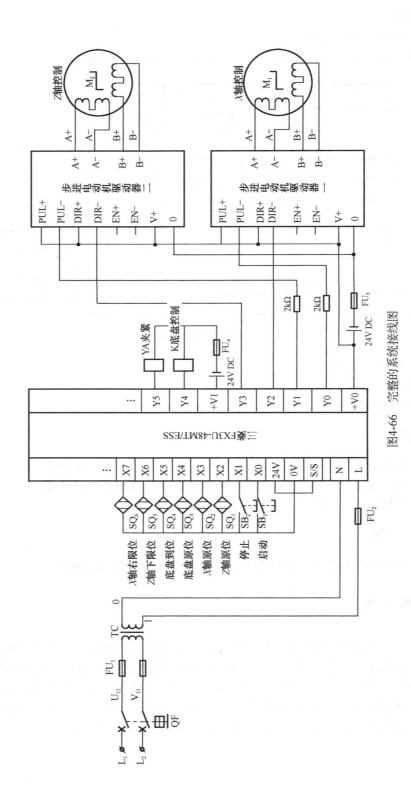

图4-66 完整的系统接线图

三菱 FX3U 系列 PLC 的功能指令共有 30 类，本章主要介绍了部分传送比较、算术逻辑运算、移位与循环移位、数据处理、高速处理和方便类等功能指令，通过各个控制任务的实现，在解决实际问题的过程中阐述了位元件的组合方式、数据寄存器的用法，以及所涉及功能指令的基本用法。在程序设计时要以简单、方便为原则，正确选用适当的功能指令；使用功能指令时，要仔细阅读本书有关功能指令使用的注意事项，注意功能指令的使用条件、源操作数和目的操作数的选择范围，以及相关的特殊辅助继电器、寄存器的变化。特别需要注意的是，功能指令在同一程序中只能使用一次；功能指令的操作数为组合位元件时，同一程序中使用位元件时应注意避开，以免出错。

　　在 GX Developer 编程软件中输入功能指令的方法十分简单，只要通过键盘直接输入即可，但在进行程序逻辑测试和调试时，应注意监控功能指令在执行过程中所涉及的数据的变化，以利于观察程序的执行情况。

 本章习题与思考题

　　1．什么是功能指令？它有什么作用？

　　2．什么是位元件的组合？若 K2Y0 中的数据为 K250，则输出继电器（Y）中哪几个为 ON？

　　3．功能指令中"D"和"P"有何作用？图 4-67 所示功能指令有何功能？若 D0 中的数据为 K80，则 K1Y0 中的数据是多少？

```
   X000
  ──┤├──────────────────[CML    D0        K1Y000  ]
```

图 4-67　题 3 图

　　4．指出图 4-68 所示功能指令的源、目的操作数，并说明指令执行后数据是如何存放的。

```
   X001
  ──┤├──────────────────[DMOV   D10       D12  ]
```

图 4-68　题 4 图

　　5．图 4-69 所示程序中 K4M0 的初始值为 K70，K1X0 为 K3，试列表说明当 X10 的上升沿到来一次、两次和三次时，M0～M15 及 M8022 的状态。

```
   X010
  ──┤├──────────────[SFTR    X000    M0      K16      K4   ]
         │
         └────────────────────────────[ROR    K4M0    K1   ]
```

图 4-69　题 5 图

　　6．有三台电动机 M_1～M_3，按下启动按钮后相隔 5s 顺序启动，各运行 10s 后自动停止，如此不断循环，直至按下停止按钮。试用比较指令编程实现上述控制要求。

　　7．试用 CMP 指令设计一个时间控制器，要求按下启动按钮电铃响 5s→过 45min 响 5s→过 10min 响 5s→过 45min 响 5s……如此循环 4 次结束。

　　8．试用 DECO 指令编程实现某喷水池花式喷水控制系统。第一组喷嘴喷水 4s→第二组喷嘴喷水 2s→两组喷嘴同时喷水 2s→均停止 1s→重复上述过程。

9．用 DECO 指令编程实现五盏灯每隔 2s 逐个点亮移位（每次只有一盏灯亮）并不断循环。

10．用传送与比较指令编程实现四层简易升降机控制系统。控制要求如下：

（1）只有在升降机停止时，才能呼叫升降机。

（2）只能接收一层呼叫信号，先按者优先，后按者无效。

（3）上升、下降或不动由升降机自动判别。

11．有一广告牌用 $HL_1 \sim HL_4$ 四盏灯分别照亮"热烈欢迎"四个字，其控制流程参见表 4-15，每步间隔 1s，不断循环。试用 SFTL 位左移指令编程实现该广告牌控制系统。

表 4-15　广告牌控制流程表

步序 灯	1	2	3	4	5	6	7	8
HL_1	亮	灭	灭	灭	亮	灭	亮	灭
HL_2	灭	亮	灭	灭	亮	灭	亮	灭
HL_3	灭	灭	亮	灭	亮	灭	亮	灭
HL_4	灭	灭	灭	亮	亮	灭	亮	灭

12．用子程序调用指令编程实现按 SB_1 按钮后八盏灯（$Y_0 \sim Y_7$）正序每隔 1s 逐个点亮移位（每次只有一盏灯亮）并不断循环；按 SB_2 按钮后八盏灯（$Y_0 \sim Y_7$）逆序每隔 1s 逐个点亮移位（每次只有一盏灯亮）并不断循环。

13．用 ADD 和 SUB 指令编写进入或离开车库的车辆数统计程序。设 X_1、X_2 为两组光电开关，当车辆进入时，车辆先阻挡光电开关 X_1，再阻挡 X_2；当车辆离开时，车辆先阻挡光电开关 X_2，再阻挡 X_1。

14．有 16 盏灯用 K4Y0 控制，按下启动按钮后要求 16 盏灯正序每隔 1s 轮流逐个点亮，重复循环两个流程后，再逆序每隔 1s 轮流逐个点亮，重复循环两个流程……如此不断循环。按下停止按钮后，灯全部熄灭并停止工作。试编程实现上述控制要求。

15．编写用四个按钮 $SB_1 \sim SB_4$ 控制七段数码管显示程序，控制要求参见表 4-16。

表 4-16　按钮控制数码管显示程序控制要求

控制按钮				数码管显示数字
SB_1	SB_2	SB_3	SB_4	
0	0	0	0	0
0	0	0	1	1
0	0	1	0	2
0	0	1	1	3
0	1	0	0	4
0	1	0	1	5
0	1	1	0	6
0	1	1	1	7

续表

控制按钮				数码管显示数字
SB₁	SB₂	SB₃	SB₄	
1	0	0	0	8
1	×	×	1	9

16. 有一密码锁控制系统，SB₁~SB₄ 为密码输入按钮，其按压次数分别对应输入密码的个、十、百、千位的数值（例如，SB₁~SB₄ 按压的次数均为 3 次，则输入的密码为 K3333）。若输入的密码为 K4326，则输入密码正确，按开门按钮 SB₅，则门自动打开；若输入密码错误（不为 K4326），按开门按钮则报警，开门和报警 5s 后均自动复位；若某一按钮按压次数超过 9 次，则立即报警，报警同样 5s 后自动停止；若输入密码时不小心输错，可按复位按钮 SB₆ 后重新输入密码。试用功能指令编程实现上述控制要求。

第5章

可编程控制器的综合应用

本章学习目标

本章通过两个可编程控制器的综合应用实例介绍了 PLC 系统开发和设计的一般步骤和方法。要求掌握运用三菱 FX3U 系列可编程控制器对继电器控制型机床进行电气改造的方法，并能独立完成传统机床的电气改造；掌握有效分解较复杂控制任务的方法，并能分步进行 PLC 控制程序设计，最后通过程序汇总实现整个控制任务。

学习 PLC 控制技术的关键在于如何进行综合应用，解决一些实际问题。本章在前面介绍的三菱 FX3U 系列可编程控制器常用指令的基础上，进一步介绍综合运用 PLC 进行系统开发和设计的方法。

5.1 PLC 在传统机床电路电气改造中的应用

常用的生产机械有车床、钻床、磨床、铣床和镗床等，传统机床的电气控制系统均采用继电器控制，由于电路中所用的继电器触点和连接导线较多，因而故障率高、维护困难，直接影响了机床的工作效率。特别是铣床和镗床等电气线路较为复杂的生产机械，对其电气控制系统进行改造就显得更有必要。本节以 X62W 万能铣床为例介绍运用 PLC 对传统机床电路进行电气改造的基本方法。

5.1.1 控制任务分析

1. 控制要求

传统 X62W 万能铣床继电器控制系统电气原理图如图 5-1 所示。X62W 万能铣床共有三台电动机，M_1 是主轴电动机，拖动主轴带动铣刀进行铣削加工；M_2 是进给电动机，通过操纵手柄和机械离合器的配合拖动工作台前后、左右、上下 6 个方向的进给运动和快速移动，并经传动机构驱动圆形工作台的回转运动；M_3 是冷却泵电动机，为工件加工提供冷却液。由于每台电动机在加工过程中都要长期工作，因此都需要过载保护。

（1）铣削加工有顺铣和逆铣两种加工方式，因此主轴电动机 M_1 要能够正反转，但方向改变并不频繁；主轴电动机采用电磁离合器制动，以实现准确停车。

（2）铣床的工作台要求有 6 个方向的进给运动，因此也要求进给电动机能正反转；进给的快速移动通过电磁铁和机械挂挡来完成；圆形工作台的回转运动由进给电动机经传动机构驱动。

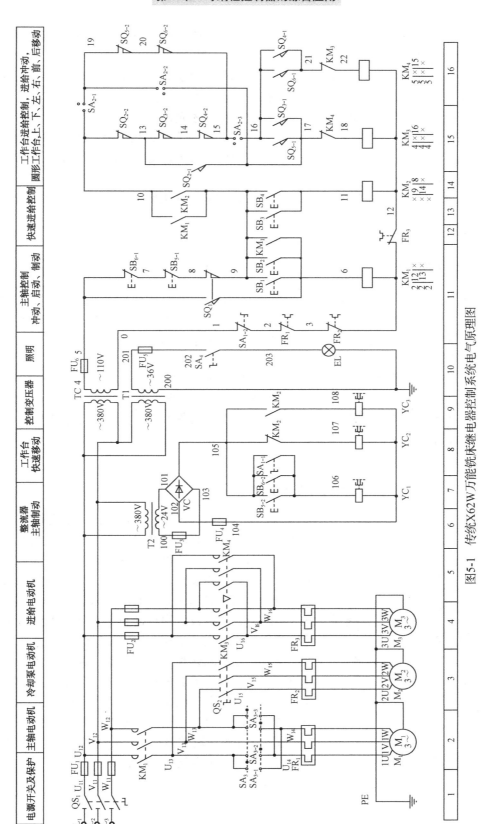

图5-1　传统X62W万能铣床电器控制系统电气原理图

（3）主轴运动和进给运动采用变速盘进行速度选择，两种运动都要求变速后做瞬时点动，以保证变速齿轮良好地啮合。

（4）当主轴电动机或冷却泵电动机过载时，进给运动必须立即停止，以免损坏刀具和铣床。

（5）根据加工工艺的要求，铣床应具有以下电气联锁功能。

① 只有主轴旋转后，进给运动和进给的快速移动才允许执行，以防止刀具和铣床的损坏。

② 只有进给停止后主轴才能停止，以减小加工工件表面的粗糙度；也可采用主轴运动和进给运动同时停止的方式，因为主轴运动的转动惯量很大，这样实际上就满足了进给运动先停止、主轴运动后停止的控制要求。

③ 6个方向的进给运动间必须要有联锁，以此来保证机械操纵手柄每次操作只能执行一个方向的进给运动。

（6）要求有冷却系统、照明设备及必要的保护措施。

2．控制任务分析

本控制任务是运用 PLC 对铣床进行电气改造，因而机床的机械部分保持不变。为便于操作机床，所有主令器件的位置都保持原位不变，并将它们作为输入元件与 PLC 输入点（X）相连；电磁离合器 $YC_1 \sim YC_3$ 及交流接触器 $KM_1 \sim KM_4$ 作为输出元件与 PLC 的输出点（Y）相连，并都保持原型号及规格不变。

在电气改造时，铣床控制电路的主回路如图 5-1 所示，而涉及触点较多、连线较为复杂的控制回路则由 PLC 编程代替，为使梯形图程序具有正确的逻辑关系，首先必须仔细分析图 5-1 所示传统 X62W 万能铣床继电器控制系统电路的各个环节，理清其逻辑关系。

5.1.2　相关基础知识

1．X62W 万能铣床继电器控制电路解读

万能铣床是一种通用的多用途机床，它可以用圆柱铣刀、圆片铣刀、角度铣刀、成型铣刀及端面铣刀等刀具对各种零件进行平面、斜面、螺旋面及成型表面的加工，还可以加装万能铣头、分度头和圆形工作台等机床附件来扩大加工范围。其外形如图 5-2 所示。

X62W 万能铣床主要由底座、床身、主轴、悬梁、刀杆、升降台、横溜板、回转盘和工作台等几部分组成。工件放置在工作台上，工作台可以前后纵向移动；工作台放置在可以转动的回转盘上，回转盘放置在可以横向移动的横溜板上，而横溜板又放置在可以上下移动的升降台上。因此安装在工作台上的工件能够进行前后、左右、上下多个方向的运动。另外，回转盘相对于溜板可绕中心轴线左右转过一个角度（通常为±45°），使工作台在倾斜方向也能进给，用于加工螺旋槽。

图 5-2　X62W 万能铣床外形图

X62W 万能铣床电气元件的功能说明参见表 5-1。

表 5-1　X62W 万能铣床电气元件的功能说明

电气符号	名称及功能	电气符号	名称及功能
M_1	主轴电动机	SQ_2	进给变速冲动行程开关
M_2	冷却泵电动机	SQ_3	工作台向前、下进给行程开关
M_3	进给电动机	SQ_4	工作台向后、上进给行程开关
KM_1	主轴电动机接触器	SQ_5	工作台向左进给行程开关
KM_2	快速进给接触器	SQ_6	工作台向右进给行程开关
KM_3、KM_4	进给电动机正、反转接触器	T_1	照明变压器
QS_1	电源开关	T_2	整流变压器
QS_2	冷却泵开关	TC	控制变压器
SA_1	主轴换刀制动开关	YC_1	主轴制动电磁离合器
SA_2	圆形工作台转换开关	YC_2、YC_3	快、慢速进给电磁离合器
SA_3	主轴换向开关	FR_1	主轴电动机过载保护
SA_4	照明灯开关	FR_2	冷却泵电动机过载保护
SB_1、SB_2	主轴启动按钮	FR_3	进给电动机过载保护
SB_3、SB_4	快速进给按钮	$FU_1 \sim FU_6$	短路保护
SB_5、SB_6	主轴停止按钮	VC	整流桥
SQ_1	主轴变速冲动行程开关	EL	照明灯

1）主轴电动机 M_1 的控制

在图 5-1 所示电路中，主轴电动机 M_1 由接触器 KM_1 控制，主轴旋转方向可预先通过转换开关 SA_3 来选择。为便于操作，在机床的两边各有一个启停按钮，按下启动按钮 SB_1 或 SB_2，接触器 KM_1 线圈得电并自锁，主轴电动机运转；按下停止按钮 SB_5 或 SB_6，常闭触点 SB_{5-1} 或 SB_{6-1} 断开，接触器 KM_1 线圈断电，常开触点 SB_{5-2} 或 SB_{6-2} 闭合，主轴制动电磁离合器 YC_1 得电，主轴电动机停转。为便于更换刀具，可转动转换开关 SA_1，使 SA_{1-2} 闭合，YC_1 得电，主轴制动；同时 SA_{1-1} 断开，切断控制回路，以防换刀时启动主轴发生意外。

主轴在变速时，应先将变速手柄下压，再向外拉动手柄，转动变速盘选择所需转速，然后将手柄快速推回原位。在手柄推拉过程中，凸轮瞬间压下弹簧杆使冲动开关 SQ_1 瞬时动作，接触器 KM_1 线圈瞬时得电，以便于变速齿轮啮合。

接触器 KM_1 线圈和主轴制动电磁离合器 YC_1 线圈的逻辑表达式如下：

$$KM_1 = [\overline{SB_{6-1}} \cdot \overline{SB_{5-1}} \cdot \overline{SQ_{1-2}}(SB_1 + SB_2 + KM_1) + SQ_{1-1}] \cdot \overline{SA_{1-2}} \cdot \overline{FR_1} \cdot \overline{FR_2}$$

$$YC_1 = SB_{6-2} + SB_{5-2} + SA_{1-1}$$

2）进给电动机 M_2 的控制

工作台的进给运动在主轴启动后方可进行，通过两个操纵手柄和机械联动机构控制相应的位置开关实现工作台 3 个坐标 6 个方向的运动，并且 6 个方向的运动都是相互联锁的。

（1）工作台纵向（前、后）和升降（上、下）进给控制。

先将工作台转换开关 SA_2 置于断开位置，此时 SA_{2-1} 和 SA_{2-3} 接通。

工作台的纵向进给运动和升降进给运动是由一个操纵手柄控制的，该操纵手柄有上、下、前、后和中间零位 5 个位置，并与位置开关 SQ_3 和 SQ_4 联动。当手柄置于中间位置时，SQ_3、SQ_4

均未被压合，工作台无任何进给运动；当手柄置于向下或向前位置时，位置开关 SQ_3 压合使常闭触点 SQ_{3-2} 断开，常开触点 SQ_{3-1} 闭合，接触器 KM_3 线圈得电，电动机 M_2 正转，驱动工作台向下或向前运动；当手柄置于向上或向后位置时，位置开关 SQ_4 压合使常闭触点 SQ_{4-2} 断开，常开触点 SQ_{4-1} 闭合，接触器 KM_4 线圈得电，电动机 M_2 反转，驱动工作台向上或向后运动。

由于手柄置于不同位置时，电动机 M_2 的传动链与不同的丝杠搭合，所以电动机 M_2 只有正、反两个转向即能实现工作台 4 个方向的进给运动。其控制逻辑表达式如下：

$$KM_3 = \overline{SB_{6-1}} \cdot \overline{SB_{5-1}} \cdot \overline{SQ_{1-2}}(KM_1 + KM_2) \cdot \overline{SA_{2-1}} \cdot \overline{SQ_{5-2}} \cdot \overline{SQ_{6-2}} \cdot SA_{2-3} \cdot SQ_{3-1} \cdot$$
$$\overline{KM_4} \cdot \overline{FR_1} \cdot \overline{FR_2} \cdot \overline{FR_3}$$

$$KM_4 = \overline{SB_{6-1}} \cdot \overline{SB_{5-1}} \cdot \overline{SQ_{1-2}}(KM_1 + KM_2) \cdot \overline{SA_{2-1}} \cdot \overline{SQ_{5-2}} \cdot \overline{SQ_{6-2}} \cdot SA_{2-3} \cdot SQ_{4-1} \cdot \overline{KM_3} \cdot$$
$$\overline{FR_1} \cdot \overline{FR_2} \cdot \overline{FR_3}$$

（2）工作台的横向（左、右）进给控制。

工作台转换开关 SA_2 仍置于 SA_{2-1} 和 SA_{2-3} 接通位置，横向操纵手柄控制工作台的左右横向进给运动，该操纵手柄有左、右和中间零位 3 个位置。当手柄置于中间位置时，位置开关 SQ_5 和 SQ_6 均未被压合，进给控制电路处于断开状态；扳动手柄，在位置开关 SQ_5 或 SQ_6 被压合的同时，通过机械结构将电动机 M_2 的传动链与工作台下面的左右进给丝杠搭合。当手柄置于向左位置时，位置开关 SQ_5 压合使常闭触点 SQ_{5-2} 断开，常开触点 SQ_{5-1} 闭合，接触器 KM_3 线圈得电，电动机 M_2 正转，驱动工作台向左运动；当手柄置于向右位置时，位置开关 SQ_6 压合使常闭触点 SQ_{6-2} 断开，常开触点 SQ_{6-1} 闭合，接触器 KM_4 线圈得电，电动机 M_2 反转，驱动工作台向右运动。其控制逻辑表达式如下：

$$KM_3 = \overline{SB_{6-1}} \cdot \overline{SB_{5-1}} \cdot \overline{SQ_{1-2}}(KM_1 + KM_2) \cdot \overline{SQ_{2-2}} \cdot \overline{SQ_{3-2}} \cdot \overline{SQ_{4-2}} \cdot SA_{2-3} \cdot SQ_{5-1} \cdot \overline{KM_4} \cdot$$
$$\overline{FR_1} \cdot \overline{FR_2} \cdot \overline{FR_3}$$

$$KM_4 = \overline{SB_{6-1}} \cdot \overline{SB_{5-1}} \cdot \overline{SQ_{1-2}}(KM_1 + KM_2) \cdot \overline{SQ_{2-2}} \cdot \overline{SQ_{3-2}} \cdot \overline{SQ_{4-2}} \cdot SA_{2-3} \cdot SQ_{6-1} \cdot \overline{KM_3} \cdot$$
$$\overline{FR_1} \cdot \overline{FR_2} \cdot \overline{FR_3}$$

（3）圆形工作台的回转运动控制。

为了扩大铣床的加工范围，可在铣床工作台上安装附件——圆形工作台，进行圆弧或凸轮的铣削加工。加工前应将转换开关 SA_2 置于接通位置，此时触点 SA_{2-2} 接通，触点 SA_{2-1} 和 SA_{2-3} 断开，电流经 $10 \rightarrow 13 \rightarrow 14 \rightarrow 15 \rightarrow 20 \rightarrow 19 \rightarrow 17 \rightarrow 18$ 路径，使接触器 KM_3 线圈得电，电动机 M_2 运转，通过一根专用轴带动圆形工作台做旋转运动；停止时仍将转换开关 SA 置于断开位置，以保证工作台能够进行 6 个方向中任意一个方向的进给运动。其控制逻辑表达式如下：

$$KM_3 = \overline{SB_{6-1}} \cdot \overline{SB_{5-1}} \cdot \overline{SQ_{1-2}}(KM_1 + KM_2) \cdot \overline{SQ_{2-2}} \cdot \overline{SQ_{3-2}} \cdot \overline{SQ_{4-2}} \cdot \overline{SQ_{5-2}} \cdot \overline{SQ_{6-2}} \cdot SA_{2-2} \cdot$$
$$\overline{KM_4} \cdot \overline{FR_1} \cdot \overline{FR_2} \cdot \overline{FR_3}$$

（4）进给变速冲动控制。

与主轴的变速冲动相同，为使齿轮良好地啮合，进给变速时也需要进行变速后的瞬时点动，铣床的进给变速冲动控制是由变速手柄和冲动开关 SQ_2 通过机械上的联动机构实现的。变速时，先将操纵手柄置于中间位置，然后向外拉出蘑菇形进给变速盘，使进给齿轮松开，转动变速盘选择好进给速度，再把变速盘推回原位。在推进的过程中，挡块压下位置开关 SQ_2，使常闭触点 SQ_{2-2} 断开，常开触点 SQ_{2-1} 闭合，接触器 KM_3 得电，电动机 M_2 启动；但随着变速盘的复位，位置开关 SQ_2 复位，使 KM_3 断电释放，M_2 失电停转。这样使 M_2 瞬时点动一下，齿轮系统产生一次抖动，齿轮实现顺利啮合。其控制逻辑表达式如下：

$$KM_3 = \overline{SB_{6-1}} \cdot \overline{SB_{5-1}} \cdot \overline{SQ_{1-2}}(KM_1 + KM_2) \cdot SA_{2-1} \cdot \overline{SQ_{5-2}} \cdot \overline{SQ_{6-2}} \cdot SA_{2-3} \cdot \overline{SQ_{4-2}} \cdot \overline{SQ_{3-2}} \cdot SQ_{2-1} \cdot$$
$$\overline{KM_4} \cdot \overline{FR_1} \cdot \overline{FR_2} \cdot \overline{FR_3}$$

（5）工作台的快速移动控制。

工作台的快速移动是通过电磁离合器 YC_3 实现的。正常进给时，电磁离合器 YC_2 得电，将齿轮传动链与进给丝杠搭合，电动机 M_2 经齿轮传动系统通过进给丝杠控制工作台的进给；按下按钮 SB_3 或 SB_4 后，接触器 KM_2 得电，其常闭触点断开，电磁离合器 YC_2 失电，使齿轮传动链与进给丝杠分离；同时 KM_2 的常开触点使 YC_3 得电，使电动机 M_2 直接与进给丝杠搭合，带动工作台按选定的进给方向快速移动。其控制逻辑表达式如下：

$$KM_2 = \overline{SB_{6-1}} \cdot \overline{SB_{5-1}} \cdot \overline{SQ_{1-2}}(SB_3 + SB_4) \cdot \overline{FR_1} \cdot \overline{FR_2} \cdot \overline{FR_3}$$
$$YC_2 = \overline{KM_2}$$
$$YC_3 = KM_2$$

关于冷却泵系统、照明灯控制系统及工作台进给联锁机构，在此不再详述，请自行分析理解。

2．PLC 控制系统设计的基本内容

用 PLC 对继电器控制机床进行电气改造与设计一个 PLC 控制系统相同，也是通过控制被控对象（生产设备或生产过程）来实现工艺要求，只是其目的是改造后被控对象能更好地实现工艺要求或使系统更为理想。在对机床电气系统进行改造前有必要对 PLC 控制系统设计的基本原则和过程进行了解。

1）PLC 控制系统设计的基本原则

（1）PLC 控制系统能控制被控对象最大限度地满足工艺要求。

充分发挥 PLC 的功能，最大限度地满足被控对象的控制要求，是设计 PLC 控制系统的首要前提，这也是设计中最重要的原则。这就要求设计人员在设计前就要深入现场进行调查研究，收集控制现场的资料（改造时包括原系统存在和需要解决的问题），查阅国内外相关资料。同时要注意和现场的工程管理人员、工程技术人员、现场操作人员紧密配合，拟订控制方案，共同解决设计中的重点问题和疑难问题。

（2）保证 PLC 控制系统安全可靠。

在满足工艺要求的前提下，保证 PLC 控制系统能够长期安全、可靠、稳定运行，是设计控制系统的又一重要原则。这就要求设计者在系统设计、元器件选择、软件编程上要全面考虑，以确保控制系统安全可靠。例如，应该保证 PLC 程序不仅能在正常条件下运行，而且在非正常情况下（如突然掉电再上电、按钮按错等）也不能出现安全问题。

（3）力求使 PLC 控制系统简单、经济、使用和维修方便。

一个新的控制工程固然能够提高产品的质量和数量，带来巨大的经济效益和社会效益，但新工程的投入、技术的培训、设备的维护也将导致运行资金的增加。因此，在满足控制要求的前提下，一方面要注意不断地扩大工程效益，另一方面也要注意不断地降低工程成本。这就要求设计者不仅应该使控制系统简单、经济，而且要使控制系统的使用和维护方便、成本低，不宜盲目追求自动化和高指标。

（4）能够适应今后发展的需要。

　　由于技术的不断发展，控制系统的要求也会不断地提高，设计时要适当考虑到今后控制系统发展和完善的需要。这就要求在选择 PLC、输入/输出模块、I/O 点数和内存容量时，要留有适当的余量，以满足今后生产发展和工艺改进的需要。

　　2）PLC 控制系统设计的基本内容

　　PLC 控制系统主要由 PLC、与 PLC 相连的用户输入设备，以及由 PLC 控制的用户输出设备构成。其设计的基本内容主要包括以下几个方面。

　　（1）选择用户的输入设备（按钮、操作开关、行程开关、传感器等）、输出设备（继电器、接触器、指示灯等）及输出设备驱动的相关控制对象（电动机、电磁阀、数码管等）。在进行机床改造时，这些设备若无大碍，可仍采用原来机床输入设备和输出设备的型号，安装位置也无须改变。

　　（2）PLC 的选择。PLC 是整个控制系统的核心，正确选择 PLC 对保证整个控制系统的技术、经济性能指标起着重要的作用。

　　选择 PLC 包括机型、容量、I/O 模块、电源模块等的选择，必要时还包括一些扩展模块和特殊功能模块的选择等。

　　（3）对 PLC 进行输入/输出分配，画出 PLC 的输入/输出接线图。

　　（4）系统控制程序设计。控制程序是控制系统的软件部分，也是保证系统正常工作和安全可靠的关键，应反复进行调试、修改，直至满足控制要求。系统控制程序设计主要包括系统控制流程图、梯形图、语句表（程序清单）等的具体设计。

　　（5）编制系统技术文件。系统技术文件主要包括系统说明书、电气原理总图、电器布置图、电气元件明细表等。

　　PLC 控制系统设计的一般步骤如图 5-3 所示。

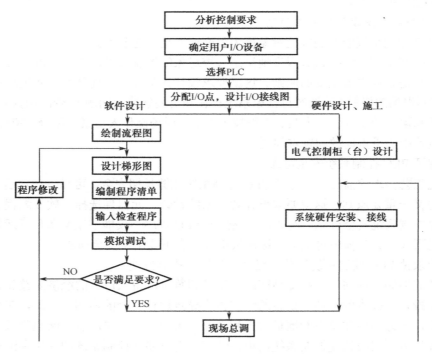

图 5-3　PLC 控制系统设计的一般步骤

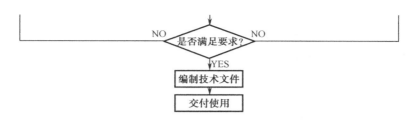

图 5-3　PLC 控制系统设计的一般步骤（续）

5.1.3　输入/输出分配

1．输入/输出分配表

X62W 万能铣床的输入设备较多，为节省 PLC 的输入点，可将两地控制的输入元件共用一个输入点，机床照明灯和主轴换向控制仍采用原电路，不通过 PLC 进行控制；而电动机过载保护则通过 PLC 外部硬件来实现。X62W 万能铣床控制系统的输入/输出分配参见表 5-2。

表 5-2　X62W 万能铣床控制系统的输入/输出分配表

输入			输出		
元件代号	作用	输入继电器	输出继电器	元件代号	作用
SB_1、SB_2	主轴启动	X0	Y0	KM_1	主轴电动机 M_1 控制
SB_3、SB_4	快速进给	X1	Y1	KM_2	快速进给控制
SB_5、SB_6	主轴停止制动	X2	Y2	KM_3	进给电动机 M_2 正转
SA_1	主轴换刀制动	X3	Y3	KM_4	进给电动机 M_2 反转
SA_{2-1}	正常进给	X4	Y4	YC_1	主轴制动
SA_{2-2}	圆形工作台	X5	Y5	YC_2	正常进给
SQ_1	主轴冲动	X6	Y6	YC_3	快速进给
SQ_2	进给冲动	X7			
SQ_3	向下、前进给	X10			
SQ_4	向上、后进给	X11			
SQ_5	向左进给	X12			
SQ_6	向右进给	X13			

2．输入/输出接线图

根据 X62W 万能铣床所占用的输入/输出点数选用三菱 FX3U-48MR/ES 型可编程控制器，控制系统的输入/输出接线图如图 5-4 所示。

所有输入设备、电动机和电磁离合器等均安装在原来的位置，使原有机械系统仍能正常工作，也方便加工人员进行铣削操作。电磁离合器线圈为直流感性负载，为防止负载接通或断开时产生的高电压损坏 PLC 输出口，图 5-4 所示电路在电磁离合器线圈两端并联了二极管 VD_1～VD_3；当较大交流感性负载接在 PLC 输出端口时，则应并联阻容吸收电路以保护 PLC 输出点内部元件不被损坏。

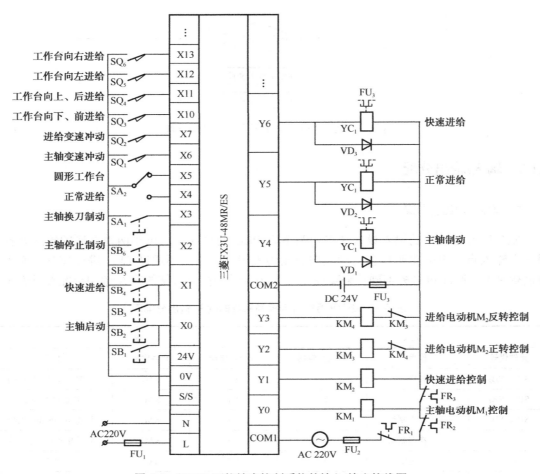

图 5-4　X62W 万能铣床控制系统的输入/输出接线图

5.1.4　程序设计

　　X62W 万能铣床继电器控制系统包含了许多联锁环节，但其控制电路并不复杂，在理清各个控制环节的逻辑关系后，根据原继电器电路不难设计出图 5-5 所示的 PLC 控制梯形图程序。

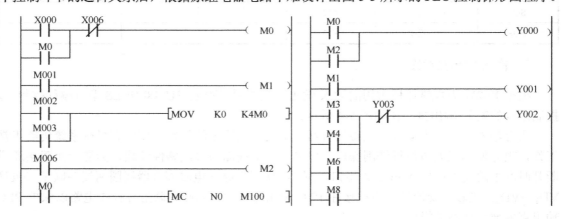

图 5-5　X62W 万能铣床 PLC 控制梯形图程序

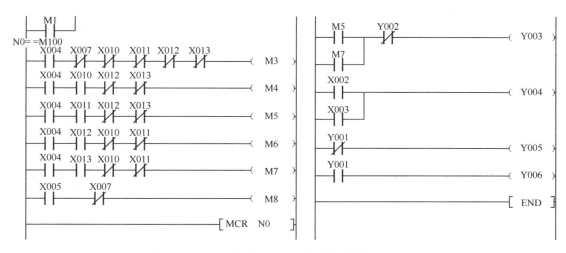

图 5-5　X62W 万能铣床 PLC 控制梯形图程序（续）

由于 PLC 是通过控制输出点 Y0～Y6 来实现 X62W 万能铣床的控制要求的，为了避免程序设计中出现"双线圈"，同时也使程序更加清晰、易懂，在图 5-5 所示的梯形图程序中采用了辅助继电器 M0～M8 作为中间过渡。M0～M8 对应的控制环节参见表 5-3。

表 5-3　M0～M8 对应的控制环节

PLC 内部辅助继电器	X62W 万能铣床控制环节
M0	主轴启动
M1	快速进给
M2	主轴变速冲动
M3	进给变速冲动
M4	工作台向下、前进给
M5	工作台向上、后进给
M6	工作台向左进给
M7	工作台向右进给
M8	圆形工作台进给

从图 5-5 所示的梯形图程序可以看出，当按下启动按钮 X0 时，辅助继电器 M0 得电自锁，输出继电器 Y0 接通，同时主控指令的触发信号接通，主控指令和主控复位指令之间的程序执行，使主轴电动机 M_1 启动后进给电动机 M_2 才能启动。若直接按快进按钮（X1），也能执行主控指令和主控复位指令之间的程序，实现进给电动机快速点动控制。

数据传送指令（MOV）在此程序中的作用是让辅助继电器 M0～M15（在此只用到 M0～M8）同时为"OFF"，目的是停止按钮被按下时使整个机床停止运转。程序中的各个联锁环节请自行分析。

图 5-5 所示梯形图程序对应的指令语句如下：

0	LD	X000	29	ANI	X012	53	OR	M2
1	OR	M0	30	ANI	X013	54	OUT	Y000
2	ANI	X006	31	OUT	M4	55	LD	M1

3	OUT	M0		32	LD	X004		56	OUT	Y001
4	LD	X001		33	AND	X011		57	LD	M3
5	OUT	M1		34	ANI	X012		58	OR	M4
6	LD	X002		35	ANI	X013		59	OR	M6
7	OR	X003		36	OUT	M5		60	OR	M8
8	MOV	K0	K4M0	37	LD	X004		61	ANI	Y003
13	LD	X006		38	AND	X012		62	OUT	Y002
14	OUT	M2		39	ANI	X010		63	LD	M5
15	LD	M0		40	ANI	X011		64	OR	M7
16	OR	M1		41	OUT	M6		65	ANI	Y002
17	MC	N0	M100	42	LD	X004		66	OUT	Y003
20	LD	X004		43	AND	X013		67	LD	X002
21	ANI	X007		44	ANI	X010		68	OR	X003
22	ANI	X010		45	ANI	X011		69	OUT	Y000
23	ANI	X011		46	OUT	M7		70	LDI	Y001
24	ANI	X012		47	LD	X005		71	OUT	Y005
25	ANI	X013		48	ANI	X007		72	LD	Y001
26	OUT	M3		49	OUT	M8		73	OUT	Y006
27	LD	X004		50	MCR	N0		74	END	
28	AND	X010		52	LD	M0				

5.1.5　程序输入与模拟调试

1．程序输入

打开 FXGP/WIN-C 编程软件，新建"X62W 万能铣床电气改造"工程，按前面学过的方法输入并检查图 5-5 所示梯形图程序，如图 5-6 所示。

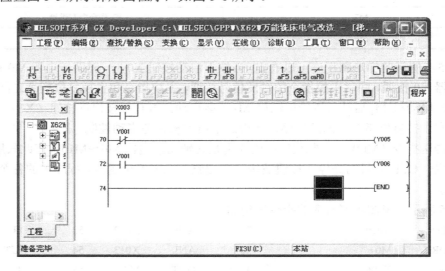

图 5-6　梯形图控制程序输入完毕

2．程序的模拟调试

程序的模拟调试可先将软件脱机对程序进行逻辑测试，然后再将程序写入 PLC，并接上临时的输入开关进行模拟调试。

1）程序逻辑测试

打开 GX Simulator 6 软件，对图 5-5 所示梯形图程序进行逻辑测试，验证其逻辑关系直至正确。

2）程序的模拟调试

程序的逻辑测试可以缩短程序模拟调试的时间，减轻程序模拟调试的工作压力，但它只是一种辅助方法，并不能完全替代程序在 PLC 上的调试和试运行。因此在程序经过逻辑测试后，可将程序写入 PLC，并将 PLC 接上调试开关，按控制要求模拟调试程序，直至程序能够完全实现控制要求。

5.1.6　系统安装与总调

1．系统安装

1）准备元件器材

按前几章介绍的方法准备相关的元件器材。所用输入/输出元件均可使用原继电器控制型 X62W 万能铣床的元器件。控制电柜也与原机床相同，采用两个。

2）安装接线

（1）布置元件。

（2）安装接线。主电路按图 5-1 所示原继电器控制型万能铣床主电路安装接线，控制电路则按图 5-4 进行安装接线。

3）写入程序并监控

将程序写入 PLC，并启动程序监控。

2．系统总调

（1）在教师现场监护下对系统进行总调试，验证各个部分控制功能是否符合要求。

（2）如果出现故障，学生根据出现的故障现象独立检修相关电路或修改梯形图。

（3）系统检修完毕应重新通电调试，直至系统正常工作。

（4）编制或修改系统技术文件。

 拓展与延伸

运用 PLC 对传统 T68 镗床系统进行电气改造，传统继电器控制型 T68 镗床电气原理图如图 5-7 所示。

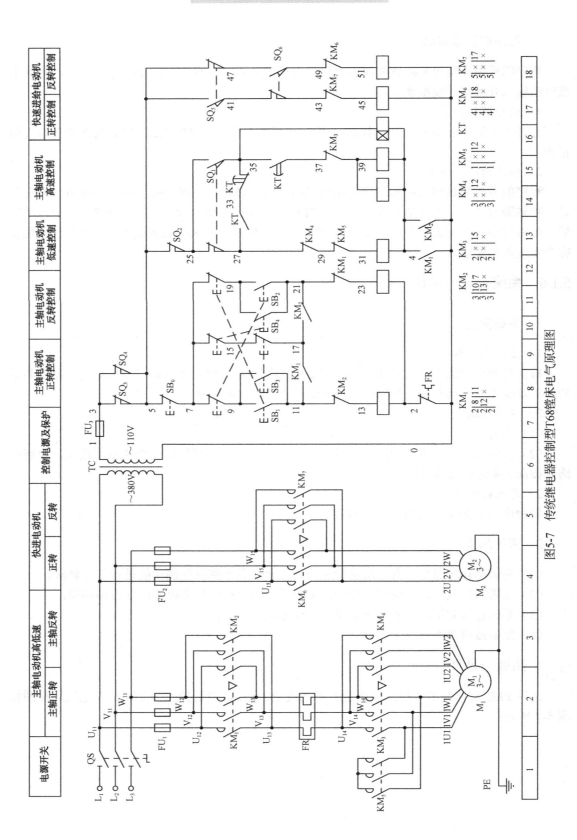

图5-7　传统继电器控制型号型T68镗床电气原理图

5.2　PLC 在变频调速电梯中的应用

随着社会的发展，高层建筑不断增多，电梯已成为现代建筑中必不可少的运载工具。电梯的电气控制系统较为复杂，其控制技术曾一度停留在以直流调速电梯为主的状况，但随着电力器件和电子技术的发展，特别是微型计算机技术的迅速发展，交流调速电梯已成为当今电梯的主流，电梯的群控技术也日益成熟。本节以五层交流调速电梯为例介绍运用 PLC 实现电梯控制系统的基本方法。

5.2.1　控制任务分析

1．控制要求

（1）初始状态电梯位于基站（一层），当电梯投入运行时，电梯自动开门，乘客进入轿厢，延时一段时间后电梯门自动关闭，电梯按乘客选层要求自动运行。

（2）电梯启动后，延时一段时间转入稳速运行状态；当接收到停层信号时，电梯进入该层减速区后减速，到达停靠层平层后停车制动。

（3）电梯在运行过程中，若有同方向的外呼或内选信号，则电梯到达该层时应停车，自动开门响应请求信号。

（4）电梯在运行过程中，若有反方向的外呼或内选信号，则电梯必须在响应完同方向的请求信号后再予以响应，即应遵循同向优先响应的原则。

（5）电梯在响应某一个请求信号时，首先开门。若有人按下关门按钮，电梯门立即关闭；若无人按下关门按钮，电梯门将延时一段时间后自动关闭。

（6）电梯开门和关门要求先快速再慢速，即应有开、关门调速系统。在规定时间内，若关门没有到位（有人或物在门之间，或开门按钮没有复位），则电梯门再次自动打开。

（7）在楼层门厅和轿厢内应有楼层显示设备，用于显示电梯所在的楼层号。

（8）电梯应有必要的保护措施。

五层电梯示意图如图 5-8 所示。

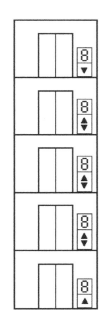

图 5-8　五层电梯示意图

2．控制任务分析

本控制任务中主要有两种运动的控制，一个是电梯轿厢的开关门控制，由于要求快、慢调速，可以采用直流电动机驱动，并根据控制要求对其进行调速；另一个是电梯轿厢在井道中的上下运动，轿厢除按一种速度稳速外，还需在平层前减速运行，直至平层结束。在交流调速电梯中，一般采用专用的笼型交流异步电动机进行拖动，可通过变频器控制其实现变频调速。整个系统的控制以 PLC 为核心通过编制程序实现，变频器采用外部端子控制模式，通过 PLC 控制其输出频率，以满足曳引电动机按两种速度运行的要求。

5.2.2　相关基础知识

1．曳引电梯的基本结构

曳引电梯是目前应用最为广泛的一种电梯，交流曳引电梯主要由曳引传动系统、导向系统、门系统、轿厢、重量平衡系统、电力拖动系统、电气控制系统和安全保护系统等几部分组成。交流曳引电梯的基本结构如图 5-9 所示。

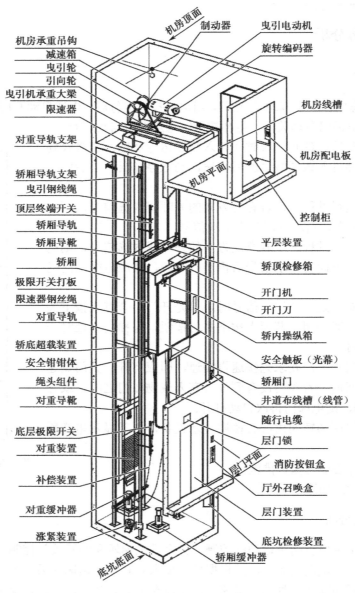

图 5-9　交流曳引电梯的基本结构

1）曳引传动系统

曳引传动系统主要由曳引机、曳引钢丝绳、导向轮及反绳轮等组成。曳引机又包括电动机、联轴器、制动器、减速箱、机座、曳引轮等部分，它是整个电梯的动力源。曳引传动系统示意图如图 5-10 所示。

轿厢和对重分别连接在曳引钢丝绳的两端，曳引机带动曳引轮旋转，通过钢丝绳与曳引轮槽之间的摩擦力驱动轿厢升降。当曳引轮的直径较小或轿厢的尺寸较大时，必须使用导向轮，加大轿厢与对重的间距，避免轿厢和对重在运动过程中发生碰撞。

为增大曳引钢丝绳的传动速比，在轿厢顶和对重架上还应增设反绳轮，传动速比越大，其数量也越多。

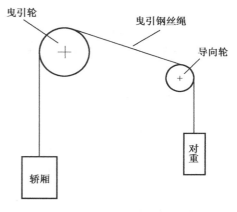

图 5-10　曳引传动系统示意图

2）导向系统

导向系统的作用是限制轿厢和对重的活动自由度，使轿厢和对重只能沿导轨作升降运动，主要由导轨、导靴和导轨架等组成。导轨固定在导轨架上，导轨架由于是承重部件，所以直接和井道壁相连，而导靴则装在轿厢和对重上，并与导轨配合，强制轿厢与对重只能沿导轨做垂直方向的升降运动。

3）门系统

门系统主要由轿厢门、层门、开门电动机、联动机构、门锁等组成。轿厢门设在轿厢入口处，主要由门扇、门导轨架、门靴和门刀等部分组成；层门设在层站入口处，除包括门扇、门导轨架、门靴外，还包括门锁装置和应急开锁装置等；开门电动机通常采用直流电动机，主要用来驱动轿厢门和层门的开启和关闭。

4）轿厢

轿厢是用于运送乘客或货物的电梯组件，主要由轿厢架和轿厢体组成。轿厢架是轿厢体的承重构架，主要由横梁、立柱、底梁和斜拉杆等组成；轿厢体则由轿厢底、轿厢壁、轿厢顶、照明通风装置、轿厢装饰件和轿厢操纵面板等组成，其空间大小取决于额定载重量或额定载客人数。

5）重量平衡系统

重量平衡系统由对重和重量补偿装置组成。对重主要起到平衡轿厢自重与部分额定载重的作用，主要由对重块和对重架两部分组成；重量补偿装置是补偿高层电梯中轿厢与对侧曳引钢丝绳长度变化对电梯平衡设计影响的装置。

6）电力拖动系统

电力拖动系统主要由曳引电动机、供（配）电系统、速度反馈装置、调速装置等部分组成，其作用是对电梯实行速度控制。曳引电动机是整个电梯的动力来源，根据电梯配置可采用直流电动机或交流电动机；供（配）电系统为电动机提供电源；速度反馈装置为调速系统提供电梯运行速度信号，形成闭环控制系统，一般采用测速发电机或速度脉冲发生器与电动机相连；调速装置用于曳引电动机的调速控制。

7）电气控制系统

电气控制系统主要包括操纵装置、位置显示装置、控制屏、平层装置、选层器等部分，其作用是对电梯的运行实行操纵和控制。操纵装置包括轿厢内的按钮操作箱、层站召唤按钮、轿顶和机房中的检修或应急操纵箱；控制屏安装在机房中，由各类电气控制元件组成，对整个电梯系统实行电气控制；平层装置能保证电梯到站时轿厢和楼层在一定的误差范围内保持在同一平面上，使用旋转编码器可以使平层更精确；选层器主要供乘客选择目的楼层，同时起到决定电梯运行方向、发出减速信号等作用。

8）安全保护系统

安全保护系统可以保证电梯的安全运行，主要包括机械保护和电气保护两类。机械保护主要有限速器和安全钳的超速保护、缓冲器的冲顶和撞底保护，以及切断总电源的极限保护等；电气保护几乎在电梯电气控制系统的各个环节都有，将在电气控制系统中进行介绍。

2. 变频器基础知识

目前交流电动机大多采用变频调速方式，而变频器是实现变频调速的主要设备，在众多变频器生产厂家推出的种类繁多的变频器中，本任务选择三菱公司的 FR-D700 型变频器，并以此为例介绍变频器的基本用法。

1）接线端子

变频器的接线端子主要有主电路端子和控制电路端子两部分，主电路端子用于变频器与三相交流电源和交流电动机的连接，控制电路的端子较多，在此只介绍与本任务相关的端子，其余端子的功能可自行查阅变频器的使用手册。变频器相关端子接线图如图 5-11 所示。

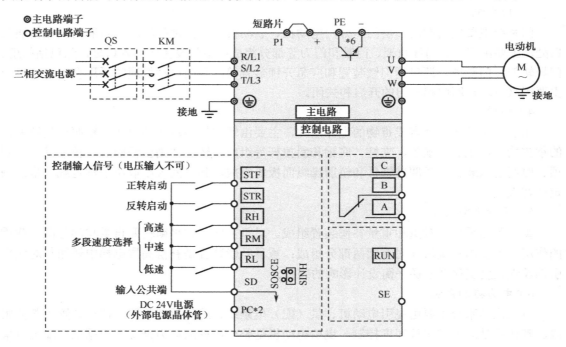

图 5-11 变频器相关端子接线图

（1）主电路端子。

主回路端子 R/L1、S/L2、T/L3 用于三相交流电源的输入，一般由空气开关 QS 和接触器 KM 共同控制输入电源的通断。值得注意的是，由于变频器在接通和断开电源时会产生浪涌电流，因此一般应选择无熔丝型的空气开关，并根据电源设备的容量选定其型号；U、V、W 端子是变频器的输出端，用于连接三相交流电动机，绝对不能将其接三相电源，以免损坏变频器。

（2）控制电路端子。

变频器在外部控制模式下，电动机的正、反转启动分别由端子 STF 和 STR 控制，而电动机运行的频率可由 RH、RM 和 RL 三个端子控制。在变频器默认的情况下，当 RH、RM 和 RL 中的一个为 ON 时，分别对应输出高、中、低三种频率，但通过参数设定，并将端子外部连接信号的 ON 和 OFF 进行组合，最多可实现 15 段频率的多段速控制。SD 端为接点输入公共端。

2）常用参数设置

（1）运行模式选择。

所谓运行模式，实际上就是将启动指令和频率指令输入到变频器的方式，一般有外部运行模式、PU 运行模式和网络运行模式（NET 运行模式）3 种。外部运行模式是指使用控制电路端子，在外部设置电位器和开关来控制变频器启动和设定其运行频率的运行模式；PU 运行模式是使用操作面板及特定参数单元将启动指令、频率指令输入至变频器的运行模式；网络运行模式则是通过 PU 接口利用 RS-485 通信端口对变频器输入启动和频率指令的运行模式。

三菱 FR-D700 型变频器的运行模式共有 8 种，可通过将参数 Pr.79 设定为 0～7 来选择，其中 Pr.79 = 0 为变频器默认值，即运行模式为外部/PU 切换模式，此模式下通过按操作面板上的 键可以方便地在外部模式和 PU 模式之间进行切换。

由于电梯控制系统通过 PLC 控制变频器实现电梯轿厢的变速运行，因此只需选择默认的运行模式即可，其余运行模式的选择请参考相关手册。

（2）输入端子的功能分配。

变频器输入端子主要有 STF、STR、RL、RM 和 RH 等，在默认的情况下，STF 端为正转指令输入端，STR 为反转指令输入端，RL、RM 和 RH 分别是低、中、高速运行指令输入端。这 5 个端子默认初始值参见表 5-4，通过 Pr.178～Pr.182 参数的设定，可以重新分配输入端子的功能。

表 5-4　输入端子默认初始值

输入端子	STF	STR	RL	RM	RH
对应参数	Pr.178	Pr.179	Pr.180	Pr.181	Pr.182
初始值	60	61	0	1	2

各参数可以任意分配，如可设置 Pr.179 = 8，将 STR 端设定为多段速 REX 输入端等。但正转指令只能分配给 STF 端，即 Pr.178 = 60，反转指令只能分配给 STR 端，即 Pr.179 = 61。

（3）多段速频率设定。

在未进行多段速输入功能端 REX 分配时，变频器可驱动电动机在高、中、低三种速度下运行，其频率分别由参数 Pr.4～Pr.6 设定，当 RH 端为 ON 时，以 Pr.4（初始值为 50Hz）设定的频率运行；当 RM 端为 ON 时，以 Pr.5（初始值为 30Hz）设定的频率运行；当 RL 端为 ON 时，以 Pr.6（初始值为 10Hz）设定的频率运行。

多段速输入功能端 REX 分配完成后，变频器通过 RH、RM、RL、REX 信号的组合最多可以实现对电动机的 15 段调速，其中 4～15 段速度的频率分别对应 Pr.24～Pr.27、Pr.232～Pr.239 中的设定值。

3．曳引电动机主拖动电路

变频调速电梯的曳引电动机一般采用专用的三相交流异步电动机，其主拖动电路如图 5-12 所示。该电路中三相电源经隔离开关 QF_1 和交流接触器 KM_1 输入到变频器 R、S、T 电源输入端，由变频器对曳引电动机 M_1 进行变频调压调速；接触器 KM_1 的通断由 PLC 输出控制，另外，PLC 也输出信号至变频器的正、反转输入端，控制曳引电动机正、反转，实现电梯轿厢的上升和下降。

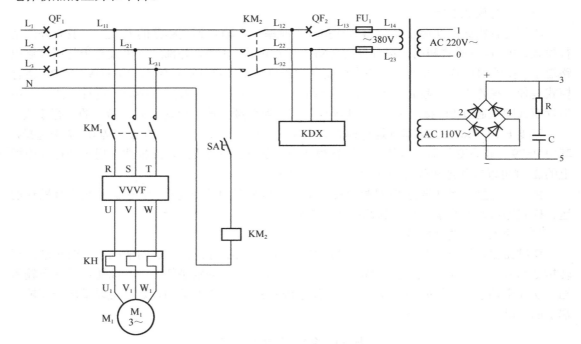

图 5-12 曳引电动机主拖动电路

控制回路电源通过转换开关 SA 控制接触器 KM_2 接通，将电源送至相序继电器 KDX，KDX 的作用是保证电梯实际运行方向和期望召唤方向相同，当电源相序接反时，为防止出现意外，相序继电器的触点动作断开相关电路，使电梯不能工作，直至电源相序正确。QF_2 将 380V 交流电压加至变压器初级绕组，通过变压后得到 220V 交流电和 110V 交流电，并将 110V 交流电整流为直流电，由 3、5 端输出。

4．门电动机主拖动及安全运行电路

门电动机 M_2 一般为 120W，额定工作电压为直流 110V，额定转速为 1000r/min 的直流电动机。由于直流电动机的转速与电枢两端的电压成正比，运转方向随电枢端电压极性的改变而改变。门电动机主拖动电路及安全运行电路如图 5-13 所示。

图 5-13 所示中，电梯轿厢开、关门的速度的总体调整（粗调）是通过电阻 R_1 实现的，当 R_1 的阻值增大时，电枢两端的电压减小，电动机 M_2 的转速降低，轿厢开、关门速度减慢；当 R_1 的阻值减小时，则电枢两端的电压增大，M_2 的转速上升，加快了开、关门的速度。

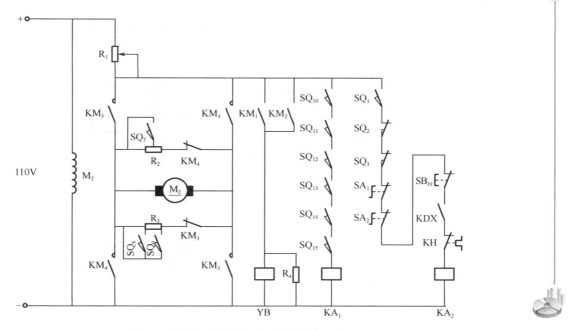

图 5-13　门电动机主拖动及安全运行电路

电梯轿厢的开、关门是由 KM_3、KM_4 控制直流电动机 M_2 正反转实现的。当接触器 KM_3 接通时，直流电流从 M_2 电枢左端流向右端，M_2 正转开门，门打开至 2/3 行程时，行程开关 SQ_7 压合，短接 R_2 的大部分电阻，使门电动机 M_2 减速，门继续开启直至完全打开时，KM_3 失电，M_2 停转；当接触器 KM_4 接通时，直流电流从 M_2 电枢右端流向左端，M_2 反转关门，当门关至行程的 1/2 或 2/3 时，SQ_8 压合，短接电阻 R_3 的大部分电阻，M_2 减速运转，门继续关闭；当门关至行程的 3/4 时，行程开关 SQ_9 压合，又短接了 R_3 的部分电阻，M_2 继续减速，直到门完全关闭，关门到位开关压合时停止。

由此可见，轿厢开关门速度的细调是由 SQ_7、SQ_8 和 SQ_9 通过短接电阻 R_2、R_3 改变其接入阻值实现的。在实际调整过程中，为了提高电梯的运行效率，不但要求开关门速度快，而且要求噪声小，因此在开、关门时必须把初速度调得快一些，而在门开或关至一定位置时再把速度降下来，以减小门在开关到位时的撞击声。调整时，除调整 R_1、R_2 和 R_3 的阻值外，还应调节 SQ_7、SQ_8 和 SQ_9 的位置，且应注意调整 R_1 时其阻值不宜过小，应在 30Ω 左右，R_2 和 R_3 被短接后的剩余阻值也应在 20Ω 左右为宜。

图 5-13 所示电路中，YB 为曳引电动机电磁抱闸，在电梯上行或下行时，YB 线圈得电闸瓦打开，曳引电动机正常运转；当电梯停止时，YB 线圈失电，闸瓦将电动机 M_1 抱死制动。KA_1 为门锁到位继电器，1～5 楼厅门关闭到位时，厅门电气联锁开关 SQ_{10}～SQ_{14} 闭合，轿厢门关闭后轿厢门电气联锁开关 SQ_{15} 也闭合，此时 KA_1 线圈得电；KA_2 为安全运行继电器，安全窗开关、安全钳开关、限速器断绳开关、底坑检修急停开关、轿厢内急停按钮、电梯运行/停止开关、断相相序保护开关和热继电器常闭串联构成安全运行回路以控制 KA_2，只有在 KA_2 线圈得电后才允许电梯运行。

5. 楼层显示

各层门厅和轿厢内楼层显示采用七段显示器，为节省 PLC 的输出点数，在此可用专用的共阴极七段显示器驱动集成电路 CD4513，CD4513 的用法举例如图 5-14 所示。

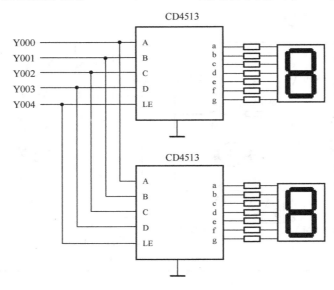

图 5-14　CD4513 的用法举例

　　CD4513 是具有锁存、译码功能的专用共阴极七段显示器驱动电路，数据由输入端 A～D 输入，其中 A 为最低位，D 为最高位，LE 为输入使能端；当 LE 端输入信号上升沿到来时，由 A～D 端数据组成的 BCD 码存入片内寄存器，同时将该数据译码后通过七段显示器显示出来，并维持该数据不变，直到 LE 端下一个上升沿到来。图 5-14 所示电路中，当每一个 Y4 的上升沿到来时，两个七段显示器都会同时刷新并显示由 Y0～Y3 组成的二进制数据对应的 BCD 码。

　　应用 CD4513 集成电路可以减少 PLC 输出点数的占用，特别是运用七段显示器进行多位显示时，若将不同位的数据分时送入不同的七段显示器进行分时显示，则可节省更多的 PLC 输出点数，但此时应选用晶体管输出型 PLC，以减少高速切换时 LED 的闪烁。

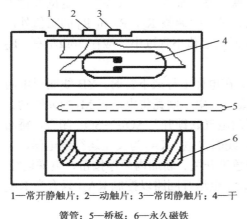

1—常开静触片；2—动触片；3—常闭静触片；4—干簧管；5—桥板；6—永久磁铁

图 5-15　干簧管传感器的结构

6．干簧管感应器

　　井道传感器是电梯换速、平层等信号的发信装置，它通常采用干簧管感应器、双稳态磁开关、光电开关、接近开关、霍尔传感器和编码器等。在此只介绍井道传感器中最常用的干簧感应器的结构和工作原理，其他传感器请读者自行查阅相关资料。

　　干簧管感应器又称干簧管继电器，其结构如图 5-15 所示。它是利用磁感应原理使干簧管触点进行切换的。当感应器 U 形槽内无铁板插入时，动触片 2 受永久磁铁吸引与常闭静触片 3 接触，形成常闭接点；当 U 形槽内有铁板插入时，磁铁与铁板形成磁回路（或称隔磁），动触片 2 受其机械弹性作用与常开静触片 1 接触，形成常开接点。这样，接点 2、

3 与 1、2 之间根据铁板插入 U 形槽与否，完成两个状态的切换。利用这种状态的切换，可以产生换速、平层等控制信号。这些隔磁用的铁板称为隔磁板或桥板，它们通过支架固定在导轨上。当轿厢运动时，安装在轿厢顶部的感应器 U 形槽恰好使桥板通过，从而引起感应器触点的切换。

7．五层交流双速电梯电气元件

为方便五层交流双速电梯控制系统的 PLC 输入/输出分配和控制程序的设计，现将电梯主要电气元件和功能列出，参见表 5-5。

表 5-5　五层交流双速电梯主要电气元件和功能

电气元件	名称及功能	电气元件	名称及功能
M_1	交流曳引电动机	SB_{15}	检修慢上
M_2	直流轿厢门电动机	SB_{16}	轿厢开门按钮
QF_1	三相电源隔离开关	SB_{17}	轿厢关门按钮
QF_2	单相电源隔离开关	SB_{18}	轿厢内报警按钮
KM_1	主电源接触器	SB_{19}	轿内急停开关
KM_2	控制电源接触器	SA_1	底坑检修急停开关
KM_3	轿厢开门接触器	SA_2	电梯运行/停止开关
KM_4	轿厢关门接触器	SA_3	正常运行/检修转换开关
SQ_1	安全窗开关	KA_1	门锁继电器
SQ_2	安全钳开关	KA_2	安全运行继电器
SQ_3	限速器断绳开关	KR_1	1 楼感应器
SQ_4	安全触板开关	KR_2	2 楼感应器
SQ_5	开门到位开关	KR_3	3 楼感应器
SQ_6	关门到位开关	KR_4	4 楼感应器
SQ_7	开门调速开关	KR_5	5 楼感应器
$SQ_8 \sim SQ_9$	关门调速开关	FU	平层感应器
$SQ_{10} \sim SQ_{14}$	1～5 楼厅门电气联锁开关	LED_1	1 楼上行呼叫指示灯
SQ_{15}	轿门电气联锁开关	LED_2	2 楼上行呼叫指示灯
SQ_{16}	超载开关	LED_3	2 楼下行呼叫指示灯
SQ_{17}	上终端限位开关	LED_4	3 楼上行呼叫指示灯
SQ_{18}	下终端限位开关	LED_5	3 楼下行呼叫指示灯
SQ_{19}	上行强迫停止开关	LED_6	4 楼上行呼叫指示灯
SQ_{20}	下行强迫停止开关	LED_7	4 楼下行呼叫指示灯
KDX	断相、相序保护器	LED_8	5 楼下行呼叫指示灯

续表

电气元件	名称及功能	电气元件	名称及功能
SB_1	1楼上行呼叫按钮	LED_9	电梯上行指示灯
SB_2	2楼上行呼叫按钮	LED_{10}	电梯下行指示灯
SB_3	2楼下行呼叫按钮	$LED_{11} \sim LED_{15}$	1～5楼轿厢内选指示灯
SB_4	3楼上行呼叫按钮	HA	警铃
SB_5	3楼下行呼叫按钮	CD4513	七段显示驱动器
SB_6	4楼上行呼叫按钮	$R_1 \sim R_{15}$	限流电阻
SB_7	4楼下行呼叫按钮	VVVF	变频器
SB_8	5楼下行呼叫按钮	YB	电梯制动电磁抱闸
$SB_9 \sim SB_{13}$	1～5楼内选按钮	$FU_1 \sim FU_4$	短路保护
SB_{14}	检修慢下	KH	过载保护

5.2.3　输入/输出分配

1．输入/输出分配表

变频调速电梯控制系统的输入/输出分配，参见表5-6。

表5-6　变频调速电梯控制系统的输入/输出分配

输　　入			输　　出		
元件代号	作　用	输入继电器	输出继电器	元件代号	作　用
SA_3	正常运行/检修	X0	Y0	VVVF（RL）	低速
KA_1	门锁	X1	Y1	VVVF（RH）	高速
KA_2	安全运行	X2	Y2	VVVF（STF）	曳引电动机正转
SB_1	1楼上行外呼	X3	Y3	VVVF（STR）	曳引电动机反转
SB_2	2楼上行外呼	X4	Y4	KM_1	主控电源
SB_3	2楼下行外呼	X5	Y5	KM_3	开门接触器
SB_4	3楼上行外呼	X6	Y6	KM_4	关门接触器
SB_5	3楼下行外呼	X7	Y10	LED_1	1楼上行呼叫指示灯
SB_6	4楼上行外呼	X10	Y11	LED_2	2楼上行呼叫指示灯
SB_7	4楼下行外呼	X11	Y12	LED_3	2楼下行呼叫指示灯
SB_8	5楼下行外呼	X12	Y13	LED_4	3楼上行呼叫指示灯
SB_9	内呼1楼	X13	Y14	LED_5	3楼下行呼叫指示灯
SB_{10}	内呼2楼	X14	Y15	LED_6	4楼上行呼叫指示灯

续表

输　入			输　出		
元 件 代 号	作　用	输入继电器	输出继电器	元 件 代 号	作　用
SB₁₁	内呼 3 楼	X15	Y16	LED₇	4 楼下行呼叫指示灯
SB₁₂	内呼 4 楼	X16	Y17	LED₈	5 楼下行呼叫指示灯
SB₁₃	内呼 5 楼	X17	Y20	LED₉	电梯上行指示灯
FU	平层感应器	X20	Y21	LED₁₀	电梯下行指示灯
KR₁～KR₅	1～5 楼感应器	X21	Y22	HA	警铃
SQ₁₇	上终端保护开关	X22	Y23	LED₁₁	1 楼内选指示灯
SQ₁₉	上强迫停止开关	X23	Y24	LED₁₂	2 楼内选指示灯
SQ₁₈	下终端保护开关	X24	Y25	LED₁₃	3 楼内选指示灯
SQ₂₀	下强迫停止开关	X25	Y26	LED₁₄	4 楼内选指示灯
SB₁₆	轿厢开门按钮	X26	Y27	LED₁₅	5 楼内选指示灯
SB₁₇	轿厢关门按钮	X27	Y30	A 端	驱动器数据输入端
KM₃	开门接触器触点	X30	Y31	B 端	驱动器数据输入端
SB₁₈	厢内报警按钮	X31	Y32	C 端	驱动器数据输入端
SQ₄	门安全触板开关	X32	Y33	LE 端	驱动器使能端

2．输入/输出接线图

根据变频调速电梯所需占用的输入/输出点数选用三菱 FX3U-64MR/ES 型可编程控制器，控制系统的输入/输出接线如图 5-16 所示。

图 5-16 所示系统中，楼层的显示采用六片 CD4513 并联，分别驱动 1～5 楼门厅和轿厢内层显，显示数据的 BCD 码由 Y30～Y32 输入，由于显示的数据为 1～5，所以 CD4513 的 D 数据输入端接地，使其保持为 0，Y33 则和选通信号 LE 端相连以控制数据刷新。

5.2.4　程序设计

电梯的控制主要可分为内呼信号记忆与解除控制、外呼信号记忆与解除控制、同层呼叫控制、电梯轿厢开关门控制、电梯运行方向及停层控制、电梯启动、调速和停止控制及楼层显示控制等几部分，设计程序时可分别进行设计，最后根据电梯控制的特点，可采用主控触点指令汇总成完整的控制程序进行调试。变频调速电梯控制程序结构图如图 5-17 所示。

图 5-17 所示程序中，以电梯安全运行 X2 为条件的主控 N0 程序段包含了除层显控制程序以外的所有程序，也即只有在满足电梯安全运行条件时电梯才能工作；X0 为检修条件，检修时（X0 为 ON）只通过慢上和慢下按钮进行控制，不响应轿厢内选和门厅外呼信号，因而不执行主控 N1 程序段；主控 N2 程序段仅控制电梯的启动、调速和停止；辅助控制程序和层显控制程序在所有主控触点之外。下面将分块介绍变频调速电梯的控制程序，其中的一些设定值与实际应用可能有一些出入，需根据现场调试的情况予以修正。

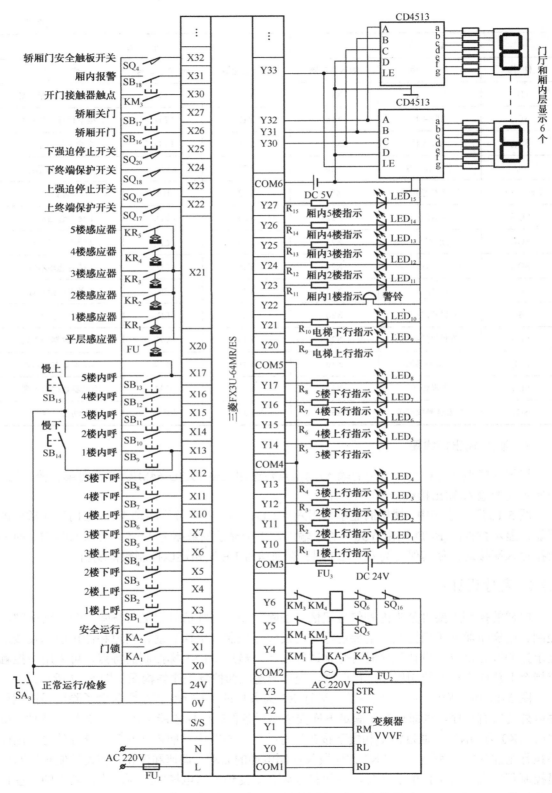

图 5-16　变频调速电梯控制系统的输入/输出接线图

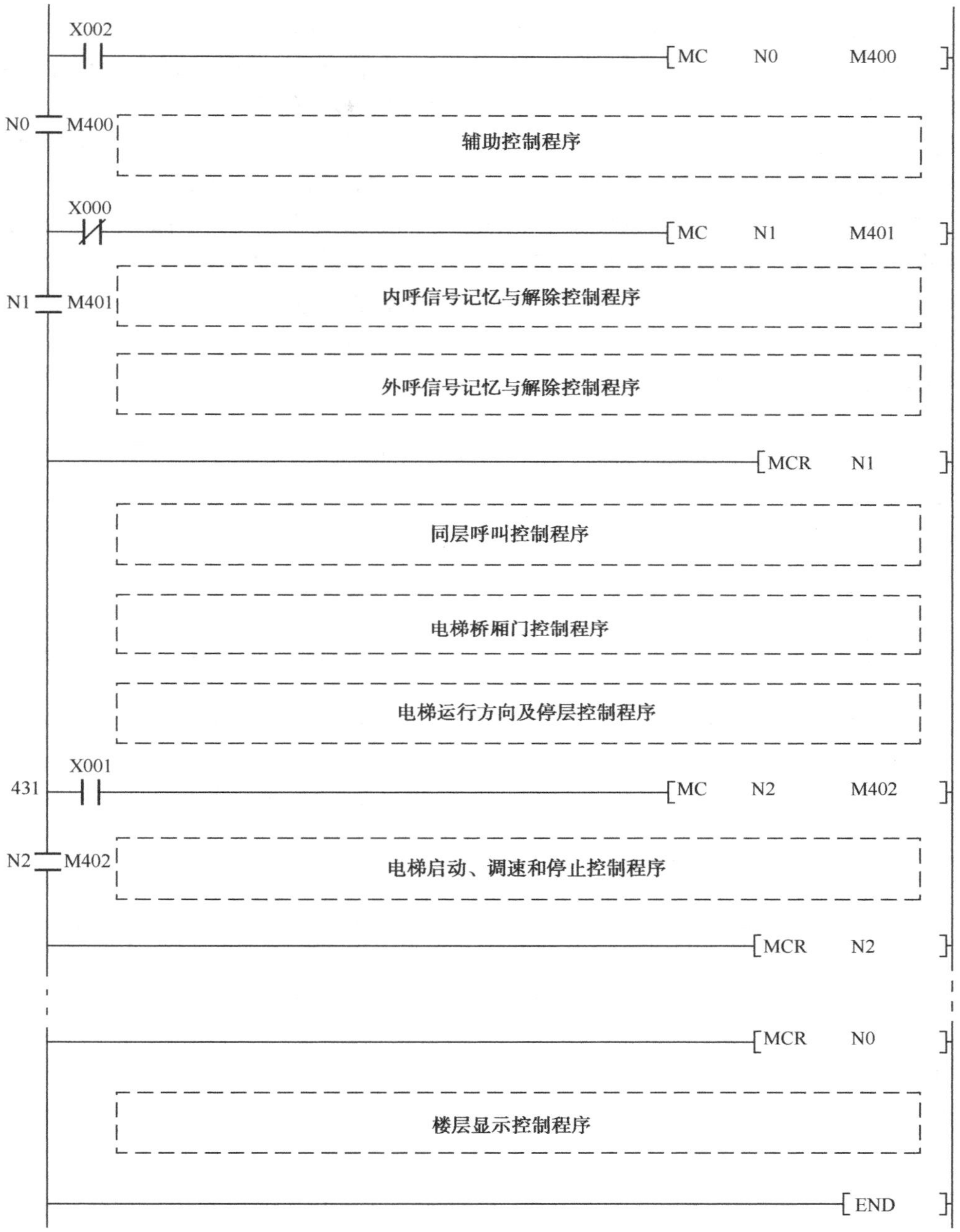

图 5-17　变频调速电梯控制程序结构图

1. 辅助控制及楼层显示控制程序的设计

由于电梯的楼层显示系统应具有记忆功能，因此在设计该部分控制程序时应采用 M500 开始的断电保持辅助继电器，可在调试最底层时在 K4M500 中送入数据 K1，或在调试第五层时送入数据 K16（M504 为 1），并以 M500～M504 作为 1～5 层的标志位。

当电梯进入某一楼层的感应区域时，楼层感应器 KR_1～KR_5 接通，上行时触发控制 K4M500 中的数据左移，下行时触发控制 K4M500 中的数据右移，并用标志位控制层显信号

Y30～Y33，以便能在七段显示器上显示该楼层的楼层号；当电梯离开该楼层时，显示器继续显示该数据，直到电梯到达或经过另一楼层（上一层或下一层）感应器的感应区域，K4M500中的数据再次移位（左移或右移），显示器显示的数据才被新的楼层信息所刷新。

辅助控制及楼层显示控制系统梯形图程序如图5-18所示。采用上、下限位开关调试时先对层显数据初始化，然后当每一次感应信号到来时，X21接通，M90处于得电状态，电梯上升时，Y2为ON，M13发出移位脉冲，K4M500中的数据左移1位；电梯下降时，M14发出移位脉冲，K4M500中的数据右移1位。每到一个楼层，标志位M500～M504驱动Y32～Y30（Y32为低位）输出显示该楼层对应的值。LE端信号Y33由感应信号M90的上升沿控制，即楼层显示在每进入一个楼层感应区时刷新一次。T7的作用是保证只有在感应铁板离开U形槽并再次插入时，才能发出移位信号，以防层显出错。

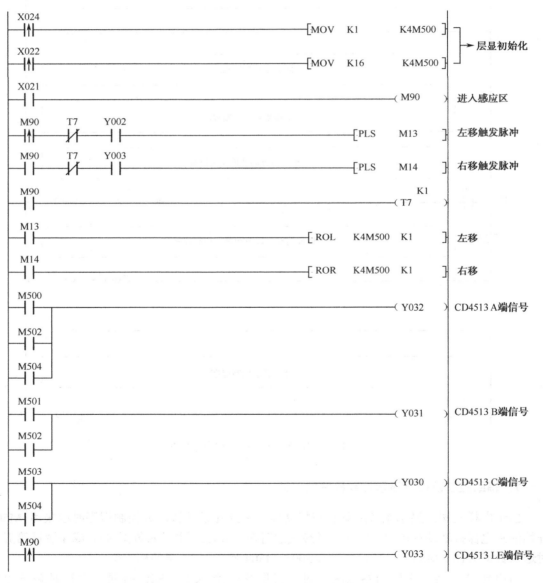

图 5-18　辅助控制及楼层显示控制系统梯形图程序

2. 内呼信号记忆与解除控制程序的设计

用户通过轿厢内操作盘上的选层按钮选择欲去的楼层，对应选层按钮下的指示灯点亮，选层信号被登记。选层时可连续选几个楼层，当电梯到达所选楼层时，该层的内选信号即被消除，相应的指示灯也熄灭。根据内选信号记忆与解除的特点，可采用基本指令编写其梯形图程序，如图 5-19 所示。内呼按钮 X13～X17 发出内呼信号，分别由 M100～M104 记忆，并点亮指示灯，而内呼信号的解除则分别由标志位 M500～M504 完成。M32 的作用是为保证电梯在某层停层后，再次启动且未出该层感应区时仍能内选该层，M32 的通断将在下一环节进行介绍。

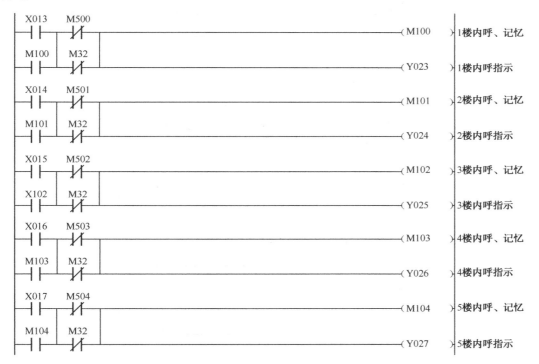

图 5-19　内选信号记忆与解除 PLC 控制系统梯形图程序

3. 外呼信号记忆与解除控制程序的设计

电梯的厅门外呼信号有"上行"和"下行"两种，用户在呼梯时，呼梯信号被登记记忆，当电梯运行至呼叫层时，与电梯将要运行方向相同的呼梯信号被解除，而方向相反的呼梯信号仍然需要被记忆，直至其被响应，因此外呼信号的解除单靠 M500～M504 是不够的，需要另用辅助继电器配合实现。

外呼信号记忆与解除控制系统的梯形图程序如图 5-20 所示。M110～M113 分别为 1～4 层的上行外呼辅助继电器，用于记忆厅外上呼信号，而 M121～M124 则分别为 2～5 层的下行外呼辅助继电器，用于记忆厅外下呼信号，Y10～Y17 用于指示各外呼按钮是否被按下。M70 和 M71 分别用于记忆上升和下降外呼信号，当所有上升信号解除后 M70 断开，而 M71 则在所有下降信号解除后失电；M31 的作用是当电梯进入有呼叫信号的楼层感应区时接通

0.1s 断开，其控制程序将在后面介绍；M4 的作用是标志曳引电动机是否工作，即当电梯上升或下降时接通，因此 M32 除在 M31 接通时得电外，电梯处于停止状态时 M32 也得电；由此可以看出，当一路有多个上行和下行信号时，由 M32 触发 M33 和 M34 动作，使电梯能根据同向优先响应的原则逐个解除外呼信号，并且是在电梯轿厢进入感应区后 0.1s 内完成的，而同一方向最后一个外呼信号的解除则是在电梯停止时解除的。

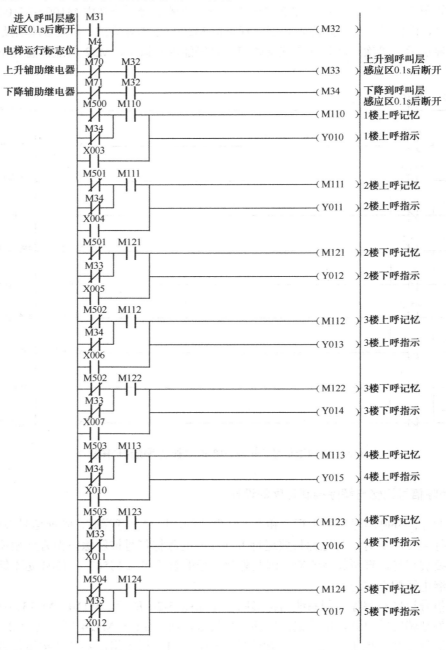

图 5-20　外呼信号记忆与解除 PLC 控制系统梯形图程序

4．电梯运行方向控制程序的设计

电梯的运行方向控制是电梯运行过程中一个十分重要的环节，电梯运行时首先要根据轿厢的当前位置和内选、外呼的呼梯信号确定电梯是上行还是下行，一旦运行方向确定后，应在响应该方向的呼梯请求后才能消除该运行方向信号，否则该信号不能被解除。

电梯运行方向控制系统的梯形图程序如图 5-21 所示。若初始时电梯停于 1 楼，上行方向控制程序的各楼层呼梯信号按由低到高的顺序排列，电梯到达较低呼梯楼层并解除该楼层的呼梯信号后，若该层以上楼层仍有呼梯请求，则上行辅助继电器 M70 仍然保持接通，使电梯能继续上行响应楼上其余的呼梯请求。下行时则呼梯信号在梯形图中按相反顺序排列，同样应遵循同向呼梯优先响应的原则。例如，电梯停于 3 楼满足该层的呼梯信号后，4 楼仍有内选或外呼请求，此时 1～2 楼的呼梯信号不能改变电梯的上行状态，只有响应完同方向的呼梯信号后，才能将电梯转为下行状态。

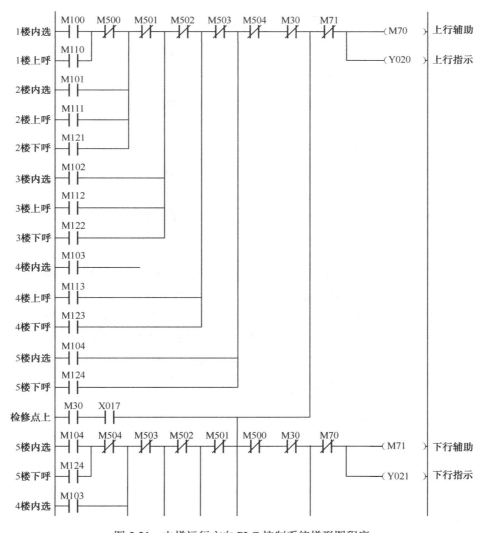

图 5-21　电梯运行方向 PLC 控制系统梯形图程序

图 5-21　电梯运行方向 PLC 控制系统梯形图程序（续）

5. 同层门厅呼叫控制程序的设计

同层门厅呼叫是指当电梯停于某一层时正好有同层的外呼信号，此时电梯的轿厢门应立即打开。在编写程序时，通常先用满足要求的条件驱动一个辅助继电器，然后再在轿厢门开、关程序中以此接通开门控制程序，打开轿厢门。由于外呼信号有上、下两种，因此编程的关键在于理清电梯在上升和下降时可能出现的各种情况。

同层门厅呼叫控制系统梯形图程序如图 5-22 所示。当电梯停于某层时，其标志位 M500～M504 接通，此时若按下的外呼信号方向和电梯运行方向相同，则 M37 接通驱动电梯轿厢开门电路，打开轿厢门，相反则不予响应。例如，上呼信号未响应完时，M70 处于接通状态，此时所有同层下呼信号被屏蔽，不予响应，只有在无上行信号（M70 失电）时，才具有同层下行呼叫时电梯轿厢门打开的功能。同层上呼程序与同层下呼程序相似。

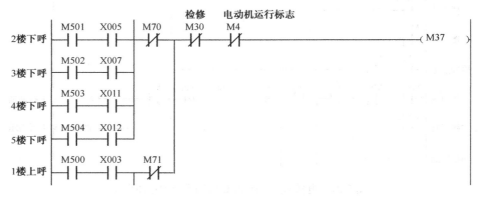

图 5-22　同层门厅呼叫 PLC 控制系统梯形图程序

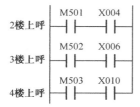

图 5-22　同层门厅呼叫 PLC 控制系统梯形图程序（续）

6．电梯轿厢门控制程序的设计

电梯轿厢门控制程序主要分开门和关门两个环节，由输出点 Y5、Y4 控制接触器 KM$_3$ 和 KM$_4$ 来实现，而轿厢门在开关过程中的调速则通过 SQ$_7$～SQ$_9$ 短接电阻 R$_2$ 和 R$_3$ 来实现。

电梯轿厢门控制系统梯形图程序如图 5-23 所示。当电梯在运行时 M4 接通，故 M45 处于接通自锁状态，电梯平层结束时，T0 常开触点闭合，门处于关闭状态，所以 Y5 接通，KM$_3$ 得电自动开门（M17 的作用另行说明），X30 处于接通状态，以保证 Y5 处于得电状态。开门到位后，SQ$_5$ 常闭触点断开，切断 KM$_3$ 电源，X30 常开触点断开，Y5 失电，开门结束，同时 X30 的常闭触点恢复闭合以准备关门。

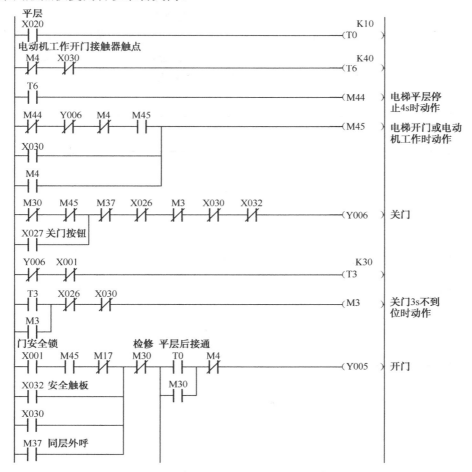

图 5-23　电梯轿厢门 PLC 控制系统梯形图程序

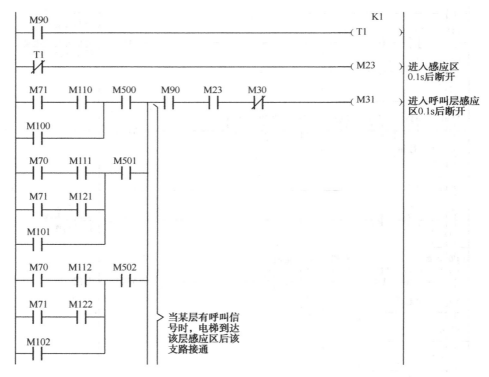

（图中梯形图）

```
X026 开门按钮
  ┤├──────────────────────────
  M3
  ┤├
```

图 5-23　电梯轿厢门 PLC 控制系统梯形图程序（续）

由于电梯不工作，又不处于开门状态，此时 T6 线圈满足接通条件开始延时，4s 后 M44 动作，断开 M45 线圈，M45 常闭触点恢复闭合，Y6 得电驱动 KM₄ 动作关门，直到下一次开门信号到来或电梯运行。若电梯关门 3s 仍不到位，则 M3 得电自锁，断开关门电路，重新接通 Y5，电梯开门。另外，当有开门信号、同层外呼信号和安全触板开关（或采用光幕检测轿厢门之间有无人或物）信号时，同样会使 Y6 失电并接通 Y5，电梯开门。

7．电梯停层控制程序的设计

电梯的停层信号用于确定电梯应停的楼层，主要根据内选和外呼信号来确定电梯的停层。其中内选信号是绝对的，只要电梯运行正常，电梯到达任意内呼层的感应区时都能减速停层；外呼信号则仍应遵循"顺向截车"的原则，即外呼信号与电梯运行方向一致时方可停层，对于反向外呼信号，只有在同向呼梯信号响应完毕后系统才响应。

电梯停层控制系统梯形图程序如图 5-24 所示。当有呼叫信号（M70 或 M71 接通）时，且轿厢关门到位后，M17 得电自锁，驱动电梯运行，当某一层有呼梯信号时，电梯在进入该层感应区 0.1s 后 M31 接通，断开 M17，转入低速运行状态，由于此时 M45 处于得电状态，其常闭触点切断 M17，因此电梯一直处于低速运行状态，直至平层停止。

图 5-24　电梯停层 PLC 控制系统梯形图程序

图 5-24 中梯形图程序部分:

```
 M70    M13    M503
─┤├────┤├──┬──┤├──
 M71   M123  │
─┤├────┤├──┤
 M103        │
─┤├─────────┤
 M70   M124  │  M504
─┤├────┤├──┼──┤├──
 M104        │
─┤├─────────┘

 X001   M45   M31   M70   X022   M30   X030
─┤├────┤/├───┤/├──┬─┤├────┤/├───┤/├───┤/├────────(M17)   驱动电梯运
 M17              │ M71   X024                           行及调速
─┤├──────────────┴─┤├────┤/├
```

图 5-24 电梯停层 PLC 控制系统梯形图程序（续）

为了使电梯遵循同向优先停层的原则，只有在有上行呼叫信号（M70 接通）时，才能依次响应电梯前方各层的上行呼叫信号，而电梯下方的各上行呼叫信号，只有在电梯下行时，响应完各层下行呼叫信号后才能予以响应并停层。具体的实现方法是在 2～4 楼的上呼信号前串接 M70 常开触点，下呼信号前串接 M71 常开触点，以保证按同向优先依次停层。由于 1 楼是底层，因此该楼层有呼叫信号时，电梯最终会下降至 1 楼停层，因此在 1 楼上呼信号前串接 M71 常开触点；同理，在 5 楼下呼信号前串接 M70 常开触点。

8. 电梯的启动、调速和停车制动控制程序的设计

电梯的运行方向由 Y2 和 Y3 控制，电梯的调速由 Y0 和 Y1 控制。由于变频器此时需要工作于外部运行模式，因此可将 Pr.79 设定为 0 或 2；为方便 PLC 编程，在设定频率时，将 4 速（由 Pr.24 设定）作为高速，3 速（由 Pr.6 设定）作为低速，即 Y0 和 Y1 同时有输出时，电梯高速运行，仅在 Y0 有输出时电梯低速运行；电动机的加、减速时间分别由 Pr.7 和 Pr.8 设定。

当电梯运行方向确定、厅门和轿厢门关好后，M17 即得电自锁，控制 Y0、Y1 同时接通，使变频器处于高速状态，当有上呼信号时，M70 接通，通过 Y2 接通自锁，松开电磁抱闸（YB）的闸瓦，控制电梯高速上行。当电梯运行至某一需停层的呼叫层的感应区时，M31 断开 M17，Y1 失电，电梯转入低速运行状态，直到平层开关接通 1s 后，T0 断开 Y0，使 Y2 失电，YB 断电，其闸瓦将电动机轴抱死，电梯电动机制动，电梯停止运行。下行启动、调速和停车制动过程与上行过程类似，在此不再赘述。电梯的启动、调速和停车控制梯形图程序如图 5-25 所示。

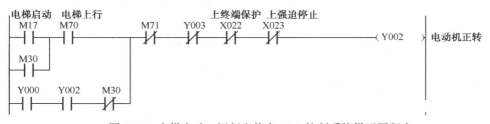

图 5-25 电梯启动、运行和停车 PLC 控制系统梯形图程序

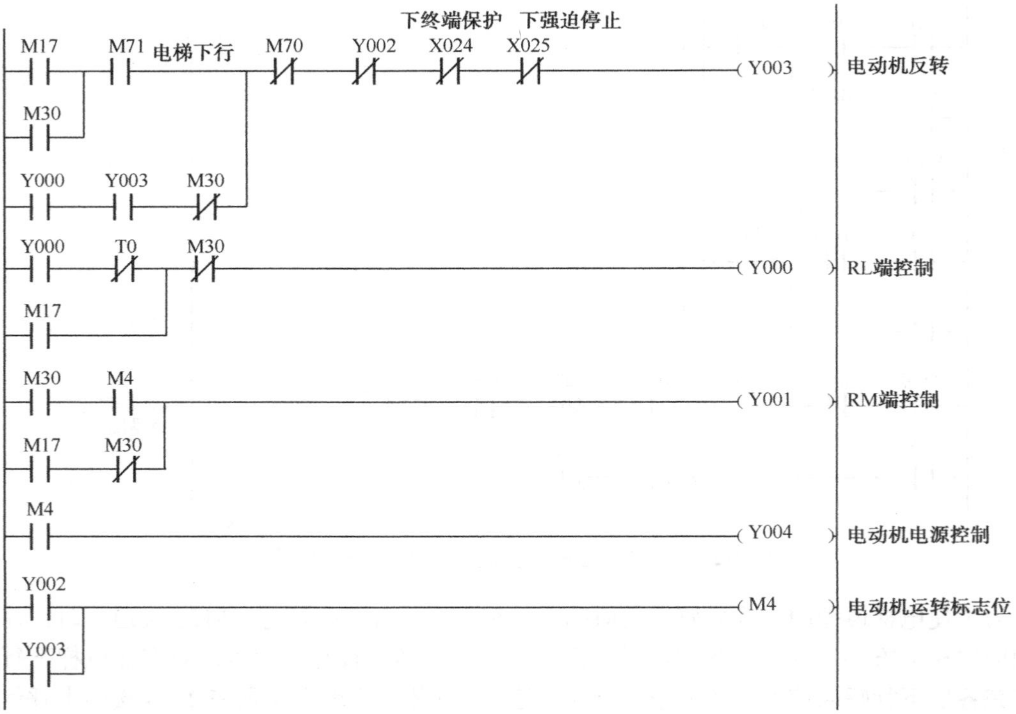

图 5-25 电梯启动、运行和停车 PLC 控制系统梯形图程序（续）

需要说明的是，上述各部分控制程序的设计只是考虑了电梯的主要逻辑关系，与实际电梯的控制程序还有一定的差距，如未考虑电梯的消防功能等。目前电梯控制系统一般采用专用的微机系统，用 PLC 控制时还会运用旋转编码器进行精确平层定位，有兴趣的读者可参考相关资料。

5.2.5 程序输入与模拟调试

1．程序输入

将电梯各部分梯形图程序汇总，打开 GX Developer 编程软件，新建"五层电梯"文件，按前面学过的方法输入并检查汇总后的梯形图程序。

2．程序的模拟调试

1）程序逻辑测试

用 GX Developer 编程软件按前面学过的方法对梯形图程序进行逻辑测试。

2）程序的模拟调试

将程序写入 PLC，并将 PLC 接上调试开关，按控制要求模拟调试程序，直至程序能完全实现控制要求。

5.2.6　系统安装与总调

1．系统安装

1）准备元件器材

按前几章相同的方法准备相关的元件器材。

2）安装接线

（1）布置元件。

（2）安装接线。主电路按图 5-12 和图 5-13 安装接线，控制电路则按图 5-16 安装接线。

3）写入程序并监控

将程序写入 PLC，并启动程序监控。

2．系统总调

（1）在教师现场监护下对系统进行总调试，验证各个部分控制功能是否符合要求。

（2）如果出现故障，学生根据出现的故障现象独立检修相关电路或修改梯形图。

（3）系统检修完毕应重新通电调试，直至系统正常工作。

（4）编制或修改系统技术文件。

 拓展与延伸

将本节控制任务改为七层电梯控制系统，试设计其 PLC 控制程序。

 本章小结

本章以两个 PLC 综合应用实例介绍了综合运用 PLC 进行电气设备改造、系统开发和设计的一般步骤和基本方法。

在改造机床电气系统时，应首先分析机床的控制功能，弄懂原继电器控制电路的工作原理。PLC 只能取代原机床电路中控制电路的功能，而主电路部分则基本保持不变。通过 PLC 的程序控制机床的正常运行，可以减少继电器触点的使用数量及连接导线的数量，降低机床的故障率。

在应用 PLC 实现变频调速电梯控制系统时，应先弄清电梯的基本结构、系统的组成和工作的基本过程，认真分析其控制要求。电梯看似简单，其实是一个较为复杂的控制系统，在进行程序设计时，应对其进行有效的任务分解，然后再逐一进行程序设计，完成各个分任务，并在此基础上进行程序汇总，完成整个控制任务，从而逐步体会较复杂控制系统综合设计的一般步骤和方法。

反侵权盗版声明

电子工业出版社依法对本作品享有专有出版权。任何未经权利人书面许可，复制、销售或通过信息网络传播本作品的行为，歪曲、篡改、剽窃本作品的行为，均违反《中华人民共和国著作权法》，其行为人应承担相应的民事责任和行政责任，构成犯罪的，将被依法追究刑事责任。

为了维护市场秩序，保护权利人的合法权益，我社将依法查处和打击侵权盗版的单位和个人。欢迎社会各界人士积极举报侵权盗版行为，本社将奖励举报有功人员，并保证举报人的信息不被泄露。

举报电话：（010）88254396；（010）88258888

传　　真：（010）88254397

E-mail：　dbqq@phei.com.cn

通信地址：北京市万寿路 173 信箱
　　　　　电子工业出版社总编办公室

邮　　编：100036